城市绿化

优良树种与植物配置模式

骆 芳 郭 莉 施德法 著

U0334006

浙江摄影出版社

全国百佳图书出版单位

策　　划：章克强

责任编辑：袁升宁

责任校对：高余朵

责任印制：汪立峰　陈震宇

图书在版编目（CIP）数据

城市绿化优良树种与植物配置模式 / 骆芳，郭莉，施德法著. -- 杭州 ：浙江摄影出版社，2024. 6.
ISBN 978-7-5514-4991-5

Ⅰ．S79

中国国家版本馆CIP数据核字第2024VE7248号

CHENGSHI LÜHUA YOULIANG SHUZHONG YU ZHIWU PEIZHI MOSHI

城市绿化优良树种与植物配置模式

骆　芳　郭　莉　施德法　著

全国百佳图书出版单位

浙江摄影出版社出版发行

　　　地址：杭州市环城北路177 号

　　　邮编：310005

　　　网址：www.photo.zjcb.com

　　　电话：0571-85151082

制版：浙江新华图文制作有限公司

印刷：杭州丰源印刷有限公司

开本：787mm × 1092mm　 1/16

印张：12

2024年6月第1版　2024年6月第1次印刷

ISBN　978-7-5514-4991-5

定价：98.00元

序

城市园林绿化是城市中唯一具有生命力的基础设施，是城市生态文明的重要基底，在美化环境、净化空气、改善生态、提升城市风貌品质等方面发挥着非常重要的作用。近200年来，随着经济社会的快速发展，大量城市开始崛起与扩张，同时出现了各种各样的环境问题。为应对复杂多变的城市内部环境，园林绿化的重要性更加凸显，人们努力提升园林绿化的建设水平，千方百计改善人居环境、保护城市生态。

园林绿化中，植物配置的重要性不言而喻。园林植物配置不仅遵循科学性，而且讲求艺术性，力求科学合理地配置植物，创造丰富多样、优美舒适的园林景观，从而达到生态效益、经济效益和社会效益的和谐统一。园林植物配置要考虑各种植物之间的搭配效果，涉及植物种（或品种）的选择和植物之间的组合，平面、立面和主要观赏面的构图、色彩、季相以及园林意境的营造，园林植物配置的优劣直接影响园林绿化工程的质量和园林功能的发挥。城市是高度人造的环境，城市绿化植物应与建筑、设施、园路、广场，以及山石、水体等协调配置，因地制宜、因时制宜，构建科学优美的植物景观。

本书以城市绿化中的优良植物种类（或品种）筛选为出发点，以植物配置模式为中心内容，通过对城市公园绿化、广场绿化、道路绿化、单位绿化和居住区绿化等主要绿地类型进行长期实地调研，获得了数百份绿地调研资料和300多种绿化植物一手资料，并通过分析，最终筛选出84种优良城市绿化树种，提出60种城市绿化植物配置模式，归纳出19种不同景观类型，同时例举了大量优良树种的绿化应用要点、配置技巧及园林组景方式，构建了多种多样的模式案例。

本书图文并茂，语言流畅，理论与实践紧密结合，特别注重植物配置设计、种植施工及养护管理，是一本科学与艺术兼备，审美与实用并具的专业书籍，也是一本面向大众的园林科普读物。本书可作为高等院校风景园林专业、园林专业、相关设计专业师生的教学参考书，亦可作为城市园林设计、施工建设和养护管理部门的指导用书。

中国风景园林学会副理事长
《中国园林》杂志社社长

目录

第一章
杭州市城市绿化风貌

1

第一节　公园绿地

公园绿地是指向公众开放，以游憩为主要功能，兼具生态、景观、文教和应急避险等功能，有一定游憩和服务设施的绿地。公园绿地不仅是城市建设用地、城市绿地系统和城市市政公用设施的重要组成部分，也是展示城市整体环境水平和居民生活质量的一项重要指标。正如美国景观设计大师奥姆斯特德所言："公园是一件艺术品，随着岁月的积淀，公园会日益被注入文化底蕴。"

1. 花港观鱼

花港观鱼公园地处杭州西湖西南，三面临水，一面倚山，是在西湖风景名胜区中兴建的第一座大型现代公园，也是西湖十景中最大的公园。该园定位为综合性文化休闲公园，以"花""港""鱼"为特色，全园分为新花港、鱼池古迹、芍药圃、雪松大草坪、红鱼池、密林区、牡丹园七个景区。

花港观鱼植物景观营造多运用乡土树种，合理搭配，形成丰富的植物景观和生态群落。现有观赏植物200多种，除牡丹以外，以海棠和樱花为主调，以广玉兰为基调树种，且各园区均有不同的主题和主景。牡丹园是全园种植构图的中心，以牡丹为主调，槭树为配调，针叶树为基调，并配以各色杜鹃，在春季形成了一片富丽多彩的花的海洋。新花港和鱼池区域以"花"和"鱼"为主题，驳岸边进退有序地种植大量观花乔灌木，形成了"花家山下流花港，花著鱼身鱼嘬花"的动态画境。全园虽有不同的功能分区及植物主调变化，但通过种植在各分区的广玉兰，将分区统一起来，使园区不显凌乱；各分区之间不同树种并非界限分明，而是有过渡地段。路口、桥头、水边等地的植物配置精细，小景同样出彩。全园落叶树和常绿树约各占 $\frac{1}{2}$。乔木约占 $\frac{1}{3}$，灌木约占 $\frac{2}{3}$。全园树木覆盖面积达 80%，不仅为游人提供了观赏空间，更是为其提供了荫蔽纳凉、休闲娱乐的场所。

■ **主要绿化树种**

乔木： 雪松、鸡爪槭、广玉兰、桂花、香樟、樱花、垂丝海棠、罗汉松、垂柳、日本五针松、龙柏、悬铃木、无患子、二乔玉兰、紫薇、榆树、黄山栾树、枫香、芭蕉、棕榈树等。

灌木： 杜鹃、小叶黄杨、牡丹、金边胡颓子、南天竹、红叶檵木、日本珊瑚树、金边黄杨、迎春花、金丝桃、花叶青木、阔叶十大功劳、小琴丝竹、花叶蔓长春花、锦带花等。

草本及其他： 吉祥草、玉簪、芍药、地络、五彩络石、常春藤、大叶仙茅、荷花、兰花三七、紫萼蝴蝶草等。

2. 太子湾公园

太子湾公园位于杭州西湖西南隅，总面积约 80 公顷，定位为融田园风韵和山情野趣的大型公园。全园以园路、水路为间隔，划分为东、中、西三块区域。园内植物配置空间变化丰富，特色鲜明，结构稳定。公园内根据区域的划分，配置不同的植物，形成了不同的景观视觉效果。

在公园的北门入口处常年布置的自然式花坛，分为三层，层次鲜明，上层为水杉等高大的乔木，其下为南天竹、金边胡颓子、阔叶十大功劳等组合形成的丛植灌木，地被植物采用五彩苏、松果菊、香彩雀、马缨丹等进行组合搭配，颜色和谐美观，观赏性高。整个花坛错落有致，既能遮挡住园内景观，又能在局部上使视线穿过，空间上无压抑之感。活动大草坪的西侧种植大量的樱花，东侧为鹅掌楸、银杏等，东西两侧的植物呈带状分布，起到围合空间的作用，分隔了大草坪和园路，可供游人野餐和休息。中部以琵琶洲和翡翠园为主，巧妙地借用水体与其他部分进行分割，形成相对独立的三个部分，种植了数千株日本樱花，配以玉兰、含笑花、鸡爪槭、红花檵木等观赏花木，下层衬以绣球、火棘及宿根花卉，层次丰富，造型优美。在西部大片以观赏性为主的草地上配置樱花树带，地被植物则是各色的郁金香，春天开花时，这里是市民赏花的好去处。此外，公园内部引用大量的水体，水道两岸缀有石矶石坎，临水坡岸密植宿根花卉和水生、湿生植物，成为构建水景的重要元素景观。

■ **主要绿化树种**

乔木：樱花、水杉、香樟、桂花、鸡爪槭、鹅掌楸、乐昌含笑、银杏、垂柳、无患子、玉兰、深山含笑、榆树等。

灌木：杜鹃、山茶、红花檵木、含笑花、金边胡颓子、金边黄杨、火棘、云南黄素馨、马缨丹、接骨木、阔叶十大功劳、绣球、连翘、龟甲冬青等。

草本及其他：沿阶草、郁金香、五彩苏、黑心金光菊、松果菊、香彩雀、彩叶草、一串红、淡竹叶、秋海棠、凌霄等。

3. 杭州花圃

杭州花圃位于西湖西畔，东临杨公堤，西接龙井路，与曲院风荷、郭庄相毗邻。杭州花圃前临西湖，后倚西山，环境优美，布置精巧，其始于久负盛名的花卉盆景观赏胜地，并将花卉的生产、科研与观赏三方面功能相结合，被誉为"西子湖畔的一颗明珠"。花圃占地约 28 公顷，其中水域面积约占 20%。

园内各景区的取名与植物相关，如菰蒲水香、金桂秋满、天泽枙茜、翠谷听香、岩芳水秀等，景区因地制宜选择特色植物，保留原有的高大乔木，同时选用与景观主题相关的乔、灌、草（地被）加以衬托，营造各具特色的植物景观。植物景观设计主要通过植物在不同物候期所呈现的形态、色彩及季相变化来体现，并结合地形特点使各个景区植物空间的层次和内容丰富多彩，主题和意境风格迥异而鲜明，形成缤纷多样的植物生态景观。专类园兰苑为全国著名兰苑之一，植物配置既考虑了植物种类丰富的季相变化以及植物分隔空间的功能，也顾及植物内在的文化意义，以便与兰花高雅的品质相匹配。春日可同赏山茱萸、紫藤、玉兰，夏季可一睹紫薇、广玉兰的风采，秋日亦有飘香的丹桂、果红肉美的柿树，冬季可见一树金黄的蜡梅和红果累累的南天竹；另配有杜鹃、罗汉松、紫竹等有文化内涵的树种。水景植物配置疏密有致、树种丰富，岸边有高大的水杉、婀娜的垂柳、丛状的杜鹃，水岸有德国鸢尾、水竹芋、石蒜、黄菖蒲、花叶香蒲、水烛、射干、水鬼蕉等，水中有热带、耐寒等各种品种的睡莲。

■ 主要绿化树种

乔木：水杉、垂丝海棠、广玉兰、七叶树、乐昌含笑、桂花、香樟、紫薇、日本五针松、罗汉松、垂柳、玉兰、红枫、鸡爪槭、雪松、杜英、鹅掌楸、无患子、紫荆、乌桕、二乔玉兰、蜡梅、柿树、山茱萸等。

灌木：月季、红叶石楠、杜鹃、山茶、茶梅、结香、绣球、无刺枸骨、金边黄杨、红花檵木、金叶女贞、狭叶十大功劳、云南黄素馨等。

草本及其他：紫藤、德国鸢尾、水竹芋、黄菖蒲、梭鱼草、兰花、书带草、吉祥草、石蒜、兰花三七、睡莲、香蒲、水鬼蕉、孝顺竹、紫竹等。

4. 城北体育公园

城北体育公园位于杭州市拱墅区白石路。公园总占地面积 27.6 公顷，主要包括东入口景观区、滨水草地区、滨水广场区、竹林幽静区、山地休闲区、河畔景观区和竞技运动区。该公园是杭州最大的集体育、娱乐、生态休闲于一体的体育公园，开创了国内全民健身和休闲观赏功能相结合的先河。

植物总体景观设计遵循"以人为本，多样统一"的原则，通过丰富的植物树种，搭建乔、灌、花、藤、草的立体植物群落，运用植物的色、香、姿、韵等观赏特性进行合理配置，在不同的区域营造出多样性的植物景观空间。主要道路和场地周边绿化布置整体规整，灌木层层次分明、色彩丰富，与乔木层高矮交替。树种配置因地制宜、因时制宜，考虑生态、美观、抗病虫害、耐旱、易管理等条件来挑选植物品种。园区共采用 200 余种植物树种，基调树种为香樟、桂花、银杏，骨干树种为广玉兰、乐昌含笑、珊瑚朴、无患子、黄山栾树，区域特色树种为合欢、榔榆、胡柚等；大量采用南天竹、金边胡颓子、花叶青木、春鹃等色叶、斑叶、观花、观果灌木。

■ **主要绿化树种**

乔木：香樟、银杏、鸡爪槭、桂花、广玉兰、乐昌含笑、珊瑚朴、水杉、无患子、黄山栾树、雪松、垂柳、日本晚樱、羽毛槭、紫叶李、枫香、红果冬青、胡柚、榔榆、合欢、荷花玉兰、楝树、构树、棕榈、石楠、铺地柏、紫荆、龙柏等。

灌木：南天竹、杜鹃、金边胡颓子、金叶女贞、八角金盘、云南黄素馨、红花檵木、枸骨、火棘、银姬小蜡、大花六道木、珊瑚树、山茶、月季、栀子花、绣球、金丝桃、花叶青木、小叶黄杨、金边黄杨、木芙蓉、美人蕉、蜀葵、龟甲冬青等。

草本及其他：沿阶草、络石、吉祥草、鸢尾、马蹄金、狗牙根、麦冬、紫竹梅、常春藤、地锦、薜荔、菖蒲、蜘蛛抱蛋、水鬼蕉、黄秆乌哺鸡竹、孝顺竹、菲白竹等。

5. 钱江世纪公园

钱江世纪公园位于杭州市萧山区，毗邻奥体中心和杭州国际博览中心，靠近庆春路隧道南端出口，与钱江新城隔江而望。钱江世纪公园又称沿江景观带，是未来钱塘江金融港湾所在地。公园总面积62公顷，用地呈"T"字形分布在江边，闻涛路穿过其中，全长约4千米的沿江景观带共划分为中央商务区、世纪公园区、时尚运动区、城市客厅区和休闲运动区5个区块。

整个公园首先给人呈现的是具有设计感的几何图案美。"T"字的一竖，为中央商务区，其中垂直江岸的中轴线两边种植银杏、香樟、无患子等高大乔木作为景观骨架，区内设有一处1万多平方米的中央草坪，春暖花开时，可开展放风筝、露营、太阳浴等各类户外活动。草坪的北端是一个圆形植物迷宫，以红叶石楠作为分隔框架。沿江景观部分采用规则式和自然式相结合的混合式布局。园内地势较平坦、建筑功能性较强的区域采用规则式布置，以游赏、休息为主的区域，则采用自然式进行布置，以求得曲折变化，形成地形起伏不平、树木生长茂密、气氛幽静安谧、景色变化丰富的环境。

■ 主要绿化树种

乔木：香樟、鸡爪槭、银杏、黄山栾树、樱花、紫薇、无患子、榉树、水杉、桂花、枇杷、杜英、石榴、杨梅、石楠、玉兰等。

灌木：木槿、杜鹃花、山茶、红叶石楠、红花檵木、金边黄杨、金叶女贞、木芙蓉、栀子花、海桐、珊瑚树、绣球、金森女贞、茶梅等。

草本及其他：兰花三七、沿阶草、吉祥草、地毯草、锦带花、五彩苏、葡萄、忍冬、孝顺竹、黄秆乌哺鸡竹等。

6. 西溪雕塑园

西溪雕塑园为西溪国家湿地公园的一部分，东临紫金港路，北靠文二西路，南接西溪天堂，全园沿着紫金港路呈带状分布，总面积为 29.76 公顷。该园的主题为展示现代雕塑文化，兼具休闲、游憩、观赏、娱乐等功能。

在城市湿地当中，植物景观是非常主要的基本构架。西溪雕塑园保留湿地中的生物多样性，运用生态的设计手法，兼顾形态美学，采用优美的造景形式，最大限度地与当地特色相结合，合理安排种类丰富的植物，打造了独具特色且结构层次丰富的植物景观。水生、湿生植物的种植搭配主要选择蒲苇、芦苇、斑茅、芒、芦竹、菖蒲、黄菖蒲、德国鸢尾、水蓼、睡莲等，两岸栽植的植物有香樟、水杉、河柳、枫杨、广玉兰、乌桕、悬铃木等。其中桑、竹、柳、樟、莲等乡土植物在湿地区域内的种植历史较长，尤以芦苇、柿、梅最具种植规模和景观特色。观花树种基本集中在乔木层和灌木层中，乔木层有日本樱花、玉兰、二乔玉兰、碧桃等，小乔木有紫薇、垂丝海棠、桂花等，灌木层有杜鹃、茶梅、月季、红花檵木、云南黄素馨、结香、粉花绣线菊等。地被的观花类植物品种多样，常用的草本植物有马缨丹、黄晶菊、向日葵、一串红、美女樱、四季海棠等。

■ **主要绿化树种**

乔木： 香樟、水杉、河柳、旱柳、枫杨、广玉兰、二乔玉兰、碧桃、构树、苦楝、榔榆、泡桐、柿树、乌桕、悬铃木、日本樱花、玉兰、紫薇、垂丝海棠、紫荆、桂花等。

灌木： 杜鹃、结香、红花檵木、锦带花、棣棠、茶梅、云南黄素馨、粉花绣线菊、珊瑚树、无刺枸骨、金银花等。

水生植物及其他： 蒲苇、芦苇、斑茅、芒、芦竹、菖蒲、黄菖蒲、德国鸢尾、睡莲、马缨丹、黄晶菊、向日葵、一串红、薰衣草、美女樱、四季海棠、虞美人等。

7. 湘湖一期

湘湖旅游景区一期建设在 2007 年已基本完成，成为杭州东部集历史文化、生态观光、休闲度假于一体的具有典型景观特色的生态性旅游综合体，并重现了古时湘湖的景观。整体的植物景观充分考虑湖堤、湖岸、岛屿以及建筑等不同场地条件，形成水上森林—湿地漫滩—疏林草地的景观序列。在植物品种上，充分应用乡土植物，营造尺寸不同、特色各异的植物景观空间，形成整体协调、细部丰富、步移景异的植物景观效果。同时，考虑到湖岸的对景以及与建筑、地形的协调，在不同的场地塑造丰富且能满足各类要求的林冠线，并且在适当的位置开辟透景线。

■ **主要绿化树种**

乔木： 水杉、垂柳、香樟、鸡爪槭、桂花、银杏、黄山栾树、乌桕、枫杨、榉树、悬铃木、杜英、池杉、雪松、鹅掌楸、羽毛槭、七叶树、五针松、无患子、棕榈、朴树、罗汉松、紫薇、枇杷、紫叶李、樱花、垂丝海棠、合欢、玉兰、梅花、枫香、碧桃、紫荆等。

灌木： 木芙蓉、山茶、海桐、无刺枸骨、小叶栀子、胡颓子、金叶女贞、连翘、月季、蜡梅、绣球、珊瑚树、绣线菊、蒲葵、八角金盘、狭叶十大功劳、红花檵木、金边黄杨、南天竹、红叶石楠、茶梅、花叶青木、云南黄素馨、大花六道木、含笑花等。

草本及其他： 吉祥草、鸢尾、沿阶草、五彩苏、花叶蔓长春、四季海棠、松果菊、阔叶半枝莲、芦竹、凤尾竹、孝顺竹、刚竹等。

第二节　居住绿地

居住绿地是城市绿地的重要组成部分，它作为城市中分布广、使用最为频繁的户外空间，与人们的日常生活紧密相连。居住绿地不但能创造优美环境、改善小气候，更能塑造出充满文化和便于居民交往的空间，提升愉悦感，对城市的整体风貌和人们的生活品质产生重要影响。居住区绿化已成为全社会的一项环境建设工程，也是广大群众极为关注的一项民生工程，关系到民众的幸福程度。

1. 朗诗熙华府

朗诗熙华府位于杭州市拱墅区德胜东部，总建筑面积 14 万平方米，总占地面积 4 公顷，共计房屋 656 户，小区绿化率 30%。

主入口整体配置简洁大气，一棵造型优美的罗汉松作为焦点，其下种植色彩突出的佛甲草，随着光照的变化，既能呈现黄色，也能显示绿色；再配搭景观雪浪石和黑色砾石，别具观赏价值。主轴线树木配置同样采用简洁大气风格，视野开阔，阳光充足，光线明亮。大片草坪配置银杏林，夏绿秋黄，落叶乔木冬季不挡阳光。主路由乔木搭配灌木和草本植物，榉树分枝点高，冠幅巨大；下层搭配红叶石楠等灌木；底层麦冬草走边，层次丰富。

宅间道路两侧绿化配置以地被花卉点缀为主，布置在灌木之前或之间，形成第一层次；地被花卉曲线柔和，修剪球形灌木作为组团错落布置，形成第二层绿化骨架；球形灌木和小型、高大乔木，以及成片的地被组合，彩叶与绿叶搭配，形成丰富的视觉效果。中心绿地休闲观赏处绿化面积开阔，组团种植形成开合变化，在密植群落里留出相对较大的草坪。绿地自然式灌木色块结合景观道路线形和绿地堆坡形态，以及景观空间鸟瞰图案效果进行布置，色块线形自然流畅、饱满及富有层次，灌木树种叶色、叶形、花色等搭配谐调。

老年人和儿童有相应的活动区域和休息场所，高大乔木选用朴树、乌桕、无患子等病虫害较少的落叶乔木，以保障冬季有足够的日照条件，夏季和秋季可以遮阴和观叶。

■ 主要绿化树种

乔木：银杏、榉树、日本五针松、娜塔栎、香樟、垂丝海棠、樱花、二乔玉兰、红果冬青、七叶树、广玉兰、合欢、石榴、鸡爪槭、桂花、紫叶李、无患子、石楠、香柚等。

灌木：山茶、含笑花、春鹃、夏鹃、金叶女贞、结香、月季、银姬小蜡、海桐、火棘、金森女贞、红花檵木、红叶石楠、金边黄杨、花叶青木、小叶栀子、大叶栀子、绣线菊、金丝桃、大花六道木、八角金盘、珊瑚树、云南黄素馨、无刺枸骨等。

草本及其他：麦冬、佛甲草、红花酢浆草、马尼拉草、玉簪、菖蒲、鸢尾、水竹芋、睡莲、花叶芦竹、花叶蔓长春、花叶络石、紫藤、黄秆乌哺鸡竹、金镶玉竹、菲白竹等。

2. 余杭桃花源

桃花源地处杭州余杭区凤凰山南麓的丘陵地带，拥有山川自然之美，总面积为180公顷，融自然山水和田园生活为一体，创造深含人文理想的"桃花源意境"。桃花源的设计原则，一是尽量保留原生树，宁可宅让树，不可毁树造楼；二是保证"曲径通幽"的设计理念，秀林掩映、意境优美。

根据小门行走路线，考虑建筑与围墙间尺寸较窄的客观因素，在大草坪活动空间交接处设置大小绿化组团，主团内配置朴树、紫叶李、桂花、红叶石楠球、红花檵木球、结香、木槿等，通过层次及色彩造型吸引眼球，围墙位置间隔种植玉兰、木槿来进行弱化。从大草坪到小门的行进路线用夏鹃进行曲线导向，不同视线聚焦点配置不同的植物造型景观，达到步移景异、耳目一新的效果。从小门到大草坪的路线除了有景随步移的效果，还运用欲扬先抑的手法，最后让人的视觉豁然开朗，使人身心与景色产生共鸣，让人身心愉悦。

考虑到儿童的活动空间，设置大草坪，儿童在嬉戏过程中不慎摔倒不会造成人身伤害。在围墙、建筑等外边缘设置玉兰、桂花乔木层，金丝桃和金禾女贞两层灌木，茶花、海桐球点缀，达到错落有致的景观效果，既增加层次感又起到分界作用，能避免老人和孩子直接接触刚性物体造成意外伤害。

建筑阳角配置红叶李进行弱化，窗户边种植低矮植物保证采光，再配置海桐球、金边胡颓子球、黄金香柳、月季营造绿化小组团，在组团内添加朱顶红、百合等宿根植物，栀子花等香花植物，在开花时或者产生香气时会给人带来不同的惊喜。木座椅边种植朴树，夏天遮阳，冬天又不挡阳光，视野开阔，适合驻足休息观赏；用小叶黄杨营造模纹花坛，对称布置，修剪统一高度规范造型；花坛内种植月季，月季花色艳丽、花期长，观赏效果好。

入户门外侧种植对称的红叶石楠球增加归家动线的序列感，下面满种春鹃，搭配一棵樱花树，让门前繁花似锦；门内种植偏冠造型朴树，向外倾斜，就像一位家长在迎接归家的家人和远道而来的客人，显得十分亲切，让人忘却烦恼。

■ **主要绿化树种**

乔木：香樟、鸡爪槭、红枫、乌桕、紫叶李、玉兰、银杏、黄山栾树、羽毛枫、朴树、桂花、樱花、紫薇、石榴、黄金香柳、枫香等。

灌木：月季、春鹃、夏鹃、木芙蓉、连翘、水蜡、小叶黄杨、茶花、茶梅、木槿、海桐、金边胡颓子、红叶石楠、云南黄素馨、红花檵木、珊瑚树、金禾女贞、花叶青木、金丝桃、龟甲冬青、连翘、栀子花等。

草本及其他：麦冬、马尼拉草、紫藤、常青藤、八仙花、朱顶红、百合、孝顺竹等。

3. 绿城西景园

西景园占地 12 公顷，规划建造约 40 栋中式园林别墅。以中国传统园林布局为原型，吸收现代居住的理念，园林宅园合一，以精巧、自由、雅致、写意见长，表达出写意山水般的深远意境以及移步换景的诗意情趣。

通过借景手法，运用围墙外的银杏林作为植物背景增强围合感，两级围墙交接处用紫薇进行弱化。叠石间嵌植常春藤、铺地柏，临水种植绣球，叠石背面用孝顺竹做背景，简洁且不乏味，每一处都可以是主景。通过堆砌大量太湖石，配置朴树、黑松、石榴、杨梅、梅花、金丝桃、茶梅、夏鹃、春鹃、绣球、水果蓝等植物，营造一个缩小版的层峦叠嶂的自然景观。采用朴树、银杏、香樟、紫薇等骨架树木营造天际线，并结合梅花、红枫、桂花等配置遮掩休憩场所，增加神秘感。沿边驳岸石缝云南黄素馨散落垂吊，铺地柏簇拥装饰，零星点缀几处麦冬；驳岸临水露白处再嵌几株再力花等水生植物，古色古香的韵味跃然呈现。结合建筑、围墙、植物，通过欲扬先抑的手法达到豁然开朗的效果，让人身心舒畅。在洞口种植罗汉松、金镶玉竹并适当倾俯，提升亲和度。底层搭配吉祥草、绣球、春鹃等地被层，植物多样，构成一景。

水池内配置荷花、睡莲、菖蒲、香蒲等水生植物，植物种类丰富。岸侧的乔木乌桕是原有保留下来的，倾斜亲水的独特造型，加上本身冠幅丰盈、郁郁葱葱，好看如画；不远处有一棵高大的枫香，下层景石上搭配紫藤、云南黄素馨等藤本植物，驳岸临水边种植水生植物菖蒲。

■ 主要绿化树种

乔木：银杏、紫薇、香樟、鸡爪槭、三角枫、乌桕、黄山栾树、羽毛枫、红枫、罗汉松、朴树、珊瑚朴、桂花、樱花、黑松、石榴、杨梅、梅花、枫香等。

灌木：红花檵木球、含笑花、小叶黄杨、木芙蓉、茶梅、山茶、夏鹃、春鹃、绣球、金丝桃、珊瑚树、云南黄素馨、铺地柏、水果蓝、连翘等。

草本及其他：麦冬、吉祥草、玉簪、紫藤、常春藤、荷花、睡莲、菖蒲、香蒲、再力花、孝顺竹、金镶玉竹等。

4. 绿城桂花城

绿城桂花城位于杭州城西蒋村商住区，总占地面积约 23 公顷。作为绿城桂花系列作品的开山之作，桂花城秉承人与人、人与建筑、人与自然和谐的开发理念，以低楼层、低密度、低容积率、高绿化率为主要特色。植物景观总体上遵循着大园区、小组团的空间布局，以中心绿地为原点辐射全区各组团，形成以中心绿地—组团绿地—道路景观系统三大植物景观层次，结合蜿蜒曲折于全园的水系，强调园区植物环境的整体性、向心性，增强居住者的领域感和归属感。中心绿地位于南门主入口，居于整个小区中轴线上，以宽阔的大草坪、喷泉广场、椭圆形的下沉式草坪空间和银杏树阵广场为中心，周边设置会所、幼儿园、配套商业等公共建筑和公共设施；大草坪用合欢、香樟等高大乔木围合，其他公共空间采用广玉兰、银杏、枫杨以行列或树阵规则式布置，赋予领域感，强化中轴线。组团内部植物景观营造多变和丰富的层次；结合场地和设施等设计，草坪面积占据一定的比例，乔木多点缀为主，灌木多为模块化布置；乔木多选择观赏、香花树种点植，如桂花、樱花等。宅旁绿地注重院落的围合感，上层植物多为观花小乔木如二乔玉兰、桂花等，下层散植灌木；住宅建筑入口则种植醒目的花木、色叶树种和球形植物等，多为红枫、梅花、桂花、金边黄杨等。配套公建绿地与中心绿地衔接，广场上种植高大乔木如枫杨、广玉兰等，树下设休憩设施；同时，设有花钵种植时令花卉，营造开放和睦的社区氛围。道路绿地上层植物高大，以榉树、合欢为主，两侧多与草坪、低矮灌木相结合，满足景观和消防要求。

■ **主要绿化树种**

乔木：银杏、榉树、合欢、香樟、广玉兰、桂花、枫杨、二乔玉兰、日本樱花、紫薇、红枫、梅花、乐昌含笑、棕榈、雪松、杜英、玉兰、鹅掌楸、朴树、黄山栾树、紫荆、无患子、枫香、杨梅、胡柚、五针松、垂丝海棠、鸡爪槭、石榴等。

灌木：含笑花、红花檵木、红叶石楠、山茶、茶梅、大叶栀子、金叶女贞、八角金盘、珊瑚树、花叶青木、无刺枸骨、南天竹、云南黄素馨、海桐、大花六道木、狭叶十大功劳、绣球、结香、金丝桃、金边黄杨、月季等。

草本及其他：彩叶草、麦冬、常春藤、花叶蔓长春、紫藤、早园竹、孝顺竹等。

5. 越秀星汇悦城

越秀星汇悦城位于杭州余杭区，绿地率高达35%，该区域以园景为主，建筑为辅，将人工美与自然美巧妙地结合，营造自然与建筑为伴的和谐感。"一环三轴六境"的景观布局方式将景观渗透进生活中的每处细节；遵循全龄化、人性化的原则，充分考虑幼、青、中、老各年龄段的不同需求，全龄化沉浸式园林体验场景将景观与生活完美结合，为业主打造了一个品质化的情景式体验社区。绿地内挑选百余种珍奇树木错落布局，步移景异，四季不同。树种以乔木、灌木为主，搭配上地被、藤植，营造成春季繁花、夏季清雅、秋季红叶、冬季苍翠的四季花园。最有特色的是以600米长的跑道为环，串联起小区的中央景观轴、景观活力轴、景观休闲轴三条景观轴，配置约2400平方米的中央会客厅和约2000平方米的幼龄儿童游乐场、全龄儿童游乐场、长者乐园、青年运动场、林下休闲处等生活场景，打造具有人情味的景观活动区域，构筑美好生活社交场所。

■ 主要绿化树种

乔木： 香樟、榉树、银杏、樱花、垂丝海棠、朴树、棕榈、桂花、紫叶李、香泡、紫薇、羽毛枫、日本五针松、娜塔栎、二乔玉兰、石榴、鸡爪槭、无患子、珊瑚朴等。

灌木： 红叶石楠、春鹃、红花檵木、海桐、美人蕉、大花六道木、南天竹、花叶青木、苏铁、山茶、含笑花、夏鹃、金森女贞、金边黄杨、小叶栀子、金丝桃、月季、云南黄素馨、八角金盘、珊瑚树、金叶女贞、无刺枸骨、龟甲冬青、金禾女贞等。

草本及其他： 矮麦冬、彩叶草、四季海棠、花叶蔓长春、三色堇、一品红、玉簪、鸢尾、紫藤、菲白竹、黄秆乌哺鸡竹等。

第三节 道路绿地

道路绿地在城市中分布广泛，是城市绿地系统的有机组成部分。它作为城市风貌中的重要一环，是建筑景观、自然景观及各种人工景观与城市道路之间的"软"连接，同时它将城市的各类绿地串联起来，其绿化效果直接反映了一个城市的精神面貌和个性特色。道路绿地的意义不仅体现在美化市容、丰富街景，同时还体现在改善环境、生态保护、卫生防护、辅助交通组织、保证人车安全等方面；此外，道路绿地在发生大范围火灾时能够起到隔离作用，在地震等自然灾害来临时能成为必要的避灾场所和疏散通道，能够发挥道路的综合功能。

1. 新塘路（新业路至昙花庵路段）

新塘路是城市交通主干道、2016年G20杭州峰会主要迎宾大道，全长约1750米，绿化面积约5.8万平方米；在景观营造上以优化植物配置为主，强调生态绿化；三季有花，四季常青，突出季相效果；立体绿化层次分明，突出多层效果；以自由式的江浙手法为主，注重涵养水源；在创造良好生态群落的前提下，追求景观效果，力求做到生态性和视觉效果上的有机结合。该处道路绿化反映了地方特色和时代风貌，体现出都市的现代化气息。同时，将道路绿地建设成为自然融入城市绿地系统的有机体，形成"路在绿中、车在绿中、人在绿中"的生态效果。

行道树主要为银杏，枝叶茂密而秀丽，同时能很好地保持水土；两侧分车绿带中的乔木以香樟为主，树冠浓密、遮阴良好、树形美观的香樟，是优良的观赏树；中间分车绿带主要是朴树、樱花、红花檵木球、红枫、香樟及造型罗汉松。亚乔木和灌木搭配中考虑了树形、色彩的配合及季相的变化，在增加绿量的同时也丰富了植物景观的层次，主要树种有红花檵木球、小叶女贞球、无刺枸骨球、云南黄素馨、红叶李、日本早樱等。绿化中将乔木、灌木和地被有机结合，形成层次分明、错落有致的整体布局，艺术空间布局合理。其主干道主要节点以五针松、紫薇等造型树作为主要景观植物，并搭配各种形状的太湖石造景，四周种植色彩丰富的观赏花卉和草坪，达到大气、美观的效果。笔直的银杏，整齐的石楠柱，将机动车道与非机动车道隔离开来，互不影响。

■ 主要绿化树种

乔木：银杏、香樟、罗汉松、紫薇、朴树、樱花、红枫、红叶李、石楠、桂花、五针松、榉树等。

灌木：春鹃、红花檵木、海桐、金叶女贞、金丝桃、结香、月季、含笑花、无刺枸骨、云南黄素馨、金边胡颓子等。

草本及其他：马尼拉草、三色堇、金盏菊、沿阶草、一串红等。

2. 西溪路（灵溪北路至天目山路段）

西溪路历史悠久，背靠西湖群山，面向西溪湿地，穿行于山水之间，是串联杭州西湖和西溪湿地的重要纽带，是杭州市的门面之路。西溪路的行道树以悬铃木为主。悬铃木树干高大，枝叶茂盛，是引入树种，对城市环境适应性特别强，具有超强的吸收有害气体、抵抗烟尘、隔离噪音等能力，故在城市主干道大量栽培。西溪路两侧景观带，以灌木与宿根花卉为主，搭配亚乔木，重视灌木与花草相结合，慢生与速生合理配置。在造景手法上注重疏密结合，有缩有放。虽然树种种类不多，但各种耐修剪植物的高低搭配在一定程度上营造了良好的景观效果。交叉口绿地经过仔细规划，在原本 5 米的宽度上进行了一定程度的拓宽，绿地之间穿插游步道，形成一个个小型的观景点，也为路人行走和游客游玩提供更多的选择。

■ 主要绿化树种

乔木：悬铃木、五针松、紫薇、桂花、红枫、鸡爪槭、樱花、榉树、黄山栾树、苏铁、紫荆等。

灌木：春鹃、山茶、小叶栀子、金丝桃、南天竹、金禾女贞、苏铁、红花檵木、红叶石楠、金叶女贞、金边黄杨、云南黄素馨、无刺枸骨、月季、美人蕉、花叶青木、龟甲冬青等。

草本及其他：沿阶草、麦冬、马尼拉草、一串红、肾蕨等。

3. 之江路（西兴大桥至复兴大桥段）

之江路是杭州主城区南面最长的一条路，东起三堡船闸出江口西岸，沿钱塘江畔，西至转塘镇，沿途分布着杭州的许多著名景点。由于其东南面即为钱塘江，因此其路侧绿地是杭州市主干道路绿地最为宽阔的道路之一，植物种类丰富且结构多样。在较长的一段靠江路侧绿地里，靠近道路一面以丛植雪松为基调，降低噪音，阻隔视线，以营造江边幽静的植物景观空间。道路另一侧是居民住宅区，路侧绿地铺满草皮，上面零星栽植樱花、鸡爪槭、棕榈等乔木，小片栽植灌木丛，与对面高密度的林带形成鲜明对比。道侧绿地遇到路口转角时常布置带有季相特征的花境，运用植物群落造景，精心搭配又不失自然野趣，有效提升街景品质。

■ **主要绿化品种**

乔木： 香樟、雪松、紫叶李、鹅掌楸、乐昌含笑、杜英、玉兰、紫薇、广玉兰、桂花、樱花、银杏、鸡爪槭、朴树、榉树、香橼、合欢、棕榈、紫荆、西府海棠等。

灌木： 山茶、红花檵木、月季、海桐、小叶黄杨、金边胡颓子、红叶石楠、春鹃、金森女贞、绣球、金丝桃、小叶蚊母、银姬小蜡等。

草本及其他： 常绿果岭草、常春藤、金鸡菊、美女樱、松果菊、紫叶三桃草、毛地黄、满天星、狼尾草、细叶芒等。

4. 闻涛路（复兴大桥至火炬大道段）

闻涛路北临钱塘江，是杭州市三江两岸和滨江区沿江景观带的重要组成部分。对岸是环绕西湖的绵延群山和历史名胜六和塔，江面在载入我国建桥史册的钱塘江大桥附近向南蜿蜒，人文自然景观绝佳。一条中央绿化带将闻涛路一分为二，绿化带靠北，形成靠江一侧的休闲功能区；靠南一侧作为机动车双向通行道、非机动车道及人行道。道路交叉口的路侧绿地都进行了美化，种植大乔木、开花乔木、色叶植物及花灌木，重要节点结合花境进行布置，形成道路节点绿化景观，以突出重点。靠近居民区一侧的道路绿地通过园路、旱溪、亭廊及景墙等园林小品，营造出休闲小憩的氛围，同时与周围新建的大量建筑群完美融合。目前闻涛路已被打造成一条沿江慢生活带，散步、慢跑、骑行都有专门的路线，互不干扰，每个人都能在江边找到休闲乐趣。闻涛路上2000 余株樱花在春天绽放，绵延的花海美轮美奂，成为杭州最美的樱花大道和最美跑道。

■ **主要绿化品种**

乔木：樱花、香樟、银杏、榉树、无患子、珊瑚朴、石楠、桂花、红枫、鸡爪槭、紫薇、黄山栾树等。

灌木：红花檵木、红叶石楠、金森女贞、春鹃、月季、海桐、金禾女贞、珊瑚树、花叶青木、金叶黄杨、小叶黄杨等。

草本及其他：沿阶草、兰花三七、五彩络石、五彩苏、三色堇、黄晶菊、碧冬茄、百日草等。

5. 月明路（江陵路至风情大道段）

月明路位于杭州滨江区中心区块，道路呈东西走向，获得 2022 年杭州市"示范道路绿地"，并参评各类检查且多次获奖。道路中间分车带以银杏为主体骨架，强调道路中心高度和营造秋色景象，并搭配不同中小乔木和春鹃等花灌木。两侧分车带中的桂花数量较多，起到很好的隔离机动车道和非机动车道的效果。采用无患子作为行道树，既有夏日的浓郁又有秋季的温暖。绿带中注重色彩搭配，明艳亮丽的粉色丰花月季，大大提升了道路美观度。该道路绿化与周边环境相贴切，绿地内植物搭配季相分明、乔灌草层次丰富，打造出春花争艳、夏荫蔽日、秋色斑斓的道路绿化景观。

■ **主要绿化品种**

乔木：银杏、无患子、桂花、紫叶李、樱花、罗汉松、鸡爪槭等。

灌木：丰花月季、春鹃、海桐、金边黄杨、红花檵木、金叶女贞、红叶石楠、金森女贞、山茶、花叶青木、含笑花、珊瑚树等。

草本及其他：沿阶草、石竹、四季海棠、三色堇、黄金菊、五叶地锦、万寿菊等。

6. 丰潭路（文三路至申花路段）

丰潭路位于杭州西湖区，道路呈南北走向，路面宽阔，周边建筑密度较高。该道路以其色彩丰富、四季有景的超高颜值景观，荣获"浙江省绿化美化示范路"和杭州市区"最佳道路绿地"称号。其最大特色是中央分车绿带中种植 400 余株菊花桃。春天，粉色的菊花桃灼灼盛开，袅袅娉婷，景色壮丽。夏季，精致的紫娇花悄然绽放，高贵淡雅，丰潭路"秒变"紫色花海。秋季，葱兰、韭兰傲然怒放，灵动纯洁，路面像铺上了洁白的地毯；桂花飘香，银杏、鹅掌楸、无患子等色叶树绚丽多彩，景色美不胜收。黑心菊一年四季开花不断，灿若黄金，不时呈现热烈舒展的景象。

■ 主要绿化品种

乔木：香樟、菊花桃、银杏、无患子、桂花、鹅掌楸、鸡爪槭、杜英、合欢、广玉兰、黄山栾树、紫叶李、梅花、石榴、紫薇等。

灌木：红叶石楠、南天竹、春鹃、苏铁、红花檵木、金叶女贞、月季、海桐、龟甲冬青、花叶青木、小叶栀子、金边黄杨、金丝桃、云南黄素馨、金禾女贞、无刺枸骨等。

草本及其他：沿阶草、葱兰、韭兰、紫娇花、黑心菊等。

7. 余杭塘路（丰潭路至紫金港路段）

余杭塘路此段道路的行道树大量采用作为杭州市树的樟树，此外部分路段采用黄山栾树。分车绿带中红枫、紫叶李等乔木也有较多的应用，灌木层和地被层的选种以月季、大花六道木、扶芳藤为主。路侧绿地中的小公园和广场内的绿化种类丰富，沿河种植垂柳，婀娜多姿。通过点线面结合构建道路绿化体系，加强长效养护，保持绿量、增加彩化，增强道路整体感官效果。

■ 主要绿化树种

乔木：香樟、黄山栾树、红枫、垂柳、榉树、雪松、紫叶李、紫荆、玉兰、罗汉松、樱花、紫薇、二乔玉兰、梅花、构树等。

灌木：大花六道木、枸骨、金叶女贞、春鹃、海桐、月季、剑麻、金丝桃、珊瑚树等。

草本及其他：薜荔、扶芳藤、鸡矢藤、络石、巴西鸢尾、葱莲、沿阶草、紫叶酢浆草、玉簪等。

第四节　广场绿地

城市广场是城市地域特色和风貌文化的展示舞台，能增强城市的内聚力和对外吸引力，展现城市的魅力。同时，城市广场是城市中重要的社会交往空间，从某种意义上讲，城市广场是市民的精神中心，体现着城市的灵魂。广场绿地是城市中绿色的开敞空间，以城市道路为纽带，由建筑、道路、植物、水体、地形等围合而成，再经过艺术加工而成为多景观、多效益以及多功能的社会生活场所，具有美化环境、公众休闲、城市标志等作用，满足生态、景观、文化、科普、防灾减灾等多种功能的综合要求。

1.武林广场

武林广场位于杭州市中心的南北向主干道延安路北端、浙江展览馆前端。广场周围高楼林立，有电信大楼、杭州大厦、杭州剧院、杭州国际大厦、银泰杭州百货大楼等，是杭城花园式的中心广场。中心喷泉泉池造型优美，形似五瓣梅花。

近年广场经过改造，结合地铁站场，绿化呈现竖向的跌落分布；植物与地形结合，在较高的花坛四周种上云南黄素馨，柔化硬质墙面，减少高度变化带来的起伏感。广场两边安置小乔木与爬藤架，人行天桥下灌木与地被类植物的搭配形成了良好的景观效果。在构筑物顶部种植紫藤，密集的紫藤等藤本植物既有荫蔽的效果，又使构筑物不突兀，形成了宜人的阴凉、休憩之处。绣球、玉簪、大吴风草等地被类植物与山茶、连翘等有颜色点缀的灌木搭配，丰富了广场绿化的植物景观。广场两侧次入口绿化以香樟、杜英、桂花等乔木为主，结构简单，起到引导游客通向广场中心的作用。植物种类丰富，合理运用植物的特性，景观地被层有络石、月季、绣球、玉簪等，亚乔木和灌木层有鸡爪槭、金边胡颓子、南天竹、石榴等。虽然广场内植物树种繁多，但是整体整齐美观，利用植物的外形、颜色、高度等特性，因地制宜，采用不同的栽植形式，进行合理的搭配组合，使广场的绿化富有肌理、色彩丰富，更具变化和特色。

■ 主要绿化树种

乔木：香樟、黄山栾树、紫薇、垂丝海棠、杜英、桂花、鸡爪槭、紫荆、苏铁、石榴、榉树、香橼、朴树、石楠、乌桕等。

灌木：山茶、月季、春鹃、栀子花、南天竹、金丝桃、金边黄杨、绣球花、金边胡颓子、云南黄素馨、金禾女贞、马缨丹、红花檵木、八角金盘、花叶青木、龟甲冬青等。

草本及其他：络石、玉簪、沿阶草、花叶蔓长春、大吴风草、美人蕉、黄金菊、蓝花草、紫藤、孝顺竹。

2. 波浪文化广场

波浪文化广场坐落于杭州市钱江新城核心区内，东面与城市阳台相连，南面为解放东路，西面为富春路，北面为新业路。广场面积较大，布局对称规整，有成片种植的树木，形成树阵景观；在方形小块土地上有高大的榉树，也有低矮成片的组合灌木的桂花林，种类丰富，樱花、紫薇等常见树木应有尽有。单株的与连片的树木相结合，不同区域有不同的绿化景观；低矮的山桃树，中型的玉兰，高大的广玉兰、香樟树和无患子，形式多样，花样繁多。其中桂花、香樟、紫叶李、银杏、榉树、鸡爪槭、樱花、无患子、紫薇等应用广泛，长势良好，形态美观，适宜生长。垂丝海棠、乐昌含笑、雪松、水杉也较常见，形态美观，生长情况良好。杜鹃、云南黄素馨、红花檵木、金叶女贞、红叶石楠是十分常见的耐修剪灌木，生长良好，景观效果突出。花叶青木叶片布满花纹，十分美观。月季花非常美丽。

■ **主要绿化树种**

乔木：桂花、香樟、紫叶李、榉树、银杏、垂丝海棠、乐昌含笑、鸡爪槭、樱花、五针松、无患子、朴树、胡柚、紫薇、雪松、山桃、枫香、水杉、玉兰、广玉兰等。

灌木：山茶、月季、春鹃、云南黄素馨、大花六道木、南天竹、栀子花、红花檵木、金叶女贞、红叶石楠、绣球、龟甲冬青、银姬小蜡、花叶青木、锦带花、木芙蓉、苏铁等。

草本及其他：吉祥草、一串红、石竹、彩络石、四季海棠、马尼拉草、万寿菊、紫萼蝴蝶、小琴丝竹等。

3. 火车东站站前广场

火车东站东西广场植物配置大体相似，广场空间开阔，分布大量整齐的矮灌木，如金边黄杨、八角金盘等。为了营造出层次感，同时给人休息的空间，局部地势做了抬升，进行空间的围合，提高私密性。抬升之处被顺势利用，种植各种秋色树，与石楠、樱花等春花植物共同组成众多小景，有紫色和黄色美人蕉在其间生长、点缀，打造四时景象。

■ 主要绿化树种

乔木：香樟、鸡爪槭、红枫、石楠、桂花、垂丝海棠、紫叶李、无患子、银杏、樱花、羽毛槭、朴树、木芙蓉等。

灌木：春鹃、金森女贞、金边黄杨、红叶石楠、八角金盘、无刺枸骨、海桐、红花檵木、月季、美人蕉、金叶女贞、茶花、狭叶十大功劳、南天竹等。

草本及其他：络石、花叶蔓长春、常春藤、葱莲、紫叶酢浆草、吉祥草、萱草、狗牙根、刚竹、孝顺竹等。

4. 临平人民广场

临平人民广场始建于 21 世纪初，近年来进行了景观环境提升。广场总面积 5.8 公顷，沿河分为东区和西区。西区以广场和喷泉为主，体现良渚文化特色的玉琮和玉璧等雕塑装点了简洁大气的广场，成为临平人民流连忘返、全家纳凉之所；东区景观类型多样，配置丰富，有小山坡、亲水舞台、疏林草坪等。近三年通过"美化家园"工程增加了近十个树种的月季以及垂丝海棠、早樱、金丝槐、花石榴等，另增两处自然花境，更为美丽的广场增光添彩。全年常绿的草坪是一处美景，也正是靠着这份独一无二的翠绿让游客惊叹无比。

■ 主要绿化树种

乔木：垂丝海棠、早樱、金丝槐、碧桃、石榴、垂柳、石楠、银杏、香樟、桂花、鸡爪槭、红枫、紫叶李、紫薇、无患子、朴树、榉树等。

灌木：红花檵木、红叶石楠、月季、春鹃、绣球、银姬小蜡、金叶女贞、金森女贞、花叶青木、绣线菊、龟甲冬青、八角金盘、大叶栀子等。

草本及其他：马尼拉草、三色堇、金光菊、向日葵、鸢尾。

第二章
绿化优良树种

2

第一节　绿化优良树种选择原则

1. 地方性原则

以乡土树种为主，积极引进外来适生树种。乡土树种是在本地区天然分布的树种，经过长期的自然选择，对本地区的自然环境、立地条件适应能力较强，特别是对灾害性气候因子（有毒气体、粉尘等）的抵抗力较强，栽植成活率较高，生长容易成材，管理相当见效。在强调以乡土树种为主的同时，也应积极引进外来的优良树种，以增加城市绿化树种的生物多样性。但在引进外来树种时需要经过引种试验与筛选，进行生态风险评估，防止有害生物入侵。应着重考虑本地树种的改良、选育和驯化，以乡土树种为主、引进树种为辅。

2. 生态性原则

保持生态性功能树种，强化观赏性美化树种。根据杭州市的自然地理条件，针对城市周边污染严重的地区，要求选择抗逆性强、适应性强的树种，作为城市绿化的主体树种，保证城市绿化的功能和效益。但在保证抗逆性强的生态型功能树种比例的基础上，还要选择那些树姿端庄、体形优美、枝繁叶茂、冠大荫浓、花艳芳香的树种，以保证和强化城市绿化的景观效果。

3. 基础性原则

维护落叶乔木树种基调，适度控制常绿乔木树种比例。根据杭州市的气候自然条件，选择落叶乔木有利于夏季遮阴降温，而在冬季不影响光照和增温。因此，在园林绿化中应以落叶乔木为主体。但为了增加冬季实际绿量，体现绿化生机，突出绿化特色，丰富园林景观，适量选择常绿乔木是非常必要的。同时，适量选择灌木、藤本、地被能增加绿化层次，提升景观美化效果。虽然常绿树种冬夏常青，使城市四季都有绿色景观，但常绿树种一般生长较慢，栽植成本也高，而落叶树一般生长较快，每年更换新叶，对有毒气体和尘埃的抵抗力强，所以，应适当控制大量使用常绿树种的势头。

4. 多彩性原则

合理使用彩叶树种，创造城市新景观。彩叶树种因在生长季节内能呈现出鲜艳的色彩而备受人们的欢迎，在现代城市园林绿化中发挥着越来越重要的作用，成为目前园林绿化美化的新宠。其作用尤其以春季和秋季最为显著，利用彩叶树种可以充分表现园林的季相美，形成令人赏心悦目的画面。彩叶树种分为春色叶树种、秋色叶树种、常色叶树种、斑色叶树种等几类。

5. 群落性原则

推广新的地被植物，结合乔灌木构成立体景观。地被植物是指具有一定的观赏价值，适于覆盖地面的多年生草本植物和低矮丛生的灌木及藤本植物，是构建生态系统最下层景观的野生观赏植物。地被植物能够覆盖大面积地表，绿化率高，在水体修复、维持生态平衡和生物多样性上具有重要作用。除在配置上要考虑景观效果之外，也要注重植物净化水质、吸收有毒有害气体的生态功能。在城市绿化景观中，地被植物因具有易管理、观赏性高、种类丰富的特点而得到广泛的应用，地被景观的构建不仅能提高绿化率、增加单位面积的叶面积指数，更能弥补上层乔、灌木在绿量上的不足，达到"黄土不露天"的基本目标。同时地被植物的种类较多，其独具特色的植株形态，绚丽多彩的花色、叶色、果色，在不同季节展现不同的景观效果，群体效果好。做到季季有景、季季不同，充分显示多变性，又韵味十足，凸显文化积淀。

第二节　绿化优良树种推选

1. 乔木类

1.1 庭荫树

主要为枝繁叶茂、绿荫如盖的落叶树种，其中又以阔叶树种的应用为佳，如能兼备观叶、赏花或品果效能则更为理想。部分枝疏叶朗、树影婆娑的常绿树种，也可作庭荫树应用，但在具体配植时要注意与建筑物南窗等主要采光部位的距离，考虑树冠大小、树体高矮对冬季太阳入射光线的影响程度。

选择标准：（1）以选用冠大荫浓的落叶乔木为主、常绿树种为辅，因为在冬季人们需要阳光时落叶乔木已落叶，过多使用常绿树种会使庭院终年显得阴暗。（2）选用树干直、无针刺且分枝高的树种，为游人提供享用绿荫的可能性。（3）在考虑树木提供绿荫的同时，还应考虑其作为庭荫树的观赏价值，如花香、叶秀或果美等。（4）在考虑到观赏价值和适用功能的同时，应尽可能结合生产，提高庭院绿化的效能。（5）树种的落花、落果、落叶应无恶臭，不污染衣物，还应易于打扫、抗病虫害，以免喷洒药剂污染庭院环境。（6）在选择庭荫树时还应与地方文化、环境协调一致，如苏州庭荫树传统上多选用朴树和榉树，"门前种榉，屋后栽朴"，意为希望这些庭荫树能给居民带来吉祥和富裕。

庭荫树配置：庭荫树可孤植、对植或 3 ~ 5 株丛植于园林、庭院，配植方式根据面积大小和建筑物的高度、色彩等而定。如建筑物高大雄伟的宜选高大树种，矮小精致的宜选小巧树种。树木与建筑物的色彩也应浓淡相配。庭荫树与建筑之间的距离不宜过近，否则会影响建筑物的视线和采光。具体种植位置，应考虑树冠的阴影在四季和一日中的移动对四周建筑物的影响。一般以夏季午后树荫能投在建筑物的向阳面为标准来选择种植点。

　　绿化优良庭荫树种共推荐 11 种：香樟、桂花、乐昌含笑、鹅掌楸、广玉兰、合欢、椥榆、七叶树、枫杨、杜英、石楠。

石楠　　　　　　　　　　香樟　　　　　　　　　　　　　桂花

广玉兰　　　　　杜英　　　　　鹅掌楸　　　　　　乐昌含笑

合欢　　　　　　椥榆　　　　　七叶树　　　　　　枫杨

1.2 主景（孤赏）树

主景（孤赏）树是具有较高观赏价值，在绿地中能独自构成景致的树木。主景（孤赏）树主要展现树木的个体美，一般要求树体雄伟高大，树形美观。

配植要求：主景（孤赏）树周围应有开阔的空间，最佳的位置是以草坪为基底、以天空为背景的地段。配植时应偏于一端布置在构图的自然中心，而不要植于草坪的正中心。配植在开朗的水边，以明亮的水色为背景，能产生意想不到的倒影效果；配植在大型广场中心，既可以创造赏景点，又可以为广场上的人休息遮阴。为开阔空间选择的主景（孤赏）树，冠形应雄伟、高大、优美，并注意色彩与周围环境相协调。

绿化优良主景（孤赏）树种共推荐 14 种：日本樱花、紫薇、玉兰、二乔玉兰、碧桃、垂丝海棠、梅花、石榴、羽毛槭、红果冬青、垂柳、雪松、杨梅、紫荆。

红果冬青　　　　　　　　　　　垂柳　　　　　　　　　　　　雪松

日本樱花　　　　　　　　　　　　　　　　　　　　紫荆

杨梅   紫薇   玉兰

梅花   碧桃   石榴

垂丝海棠   二乔玉兰   羽毛槭

1.3 行道树

道路绿化作为城市绿地系统的网络和骨架，成为系统连续性的主要构成因素，直观反映城市风貌的作用十分突出。行道树种植在道路两侧及分车带，主要作用是为车辆和行人庇荫，减少路面辐射和反射光，能降温、防风、滞尘、降噪，起到装饰和美化街景的作用。行道树应采用乡土树种或长期以来已适应本土生长的外来树种，如既可满足功能需要，又能创造艺术效果、体现地方特色的大乔木。

选择要求：树形高大、轮廓美观、主干挺拔、冠幅大、枝叶繁茂、分枝点高；适应性强、生长迅速、萌芽性强、耐修剪；抗性强、病虫害少、管理粗放、寿命长、无特殊气味和花粉过敏性。彩叶、香花树种的选择应用有较大发展并呈上升趋势。

绿化优良行道树种共推荐 6 种：悬铃木、无患子、黄山栾树、榉树、朴树、珊瑚朴。

无患子

黄山栾树

珊瑚朴

朴树

榉树

悬铃木

1.4 彩叶树

彩叶树是指在其生长过程中，叶片颜色会出现变化的植物。这类植物有自然存在的，也有后期人工选育出来的。叶片的变色期有时也只出现在其生长过程的某些阶段。彩叶树依叶片的变色时期可分为三种类型：（1）常色叶树种：指在整个生长周期内叶片均为非绿色的树种；（2）春色叶树种：指在春季时的新展出的幼叶为非绿色的树种；（3）秋色叶树种：指在秋季时期叶片由绿色转为其他颜色的树种，有的变色时期较长、观赏价值较高。因此彩叶树的叶片常年或在落叶前，拥有红色、黄色、紫色、蓝色等颜色，而非单一绿色。

配置原则：（1）孤植时多为主景树，常配置于大草坪、林中空旷地，构图位置要突出；可作为点缀环境的点景，也可作为衬景，如衬托建筑、石景或水景；孤植时，周围应该留有足够的空间，环境相对单纯，以便形成视觉中心。（2）丛植时重视层次结构，突出色彩搭配、高低错落，呈现出植物群体美；群体间既要有和谐也要有对比，个体也可以在统一的构图之中表现出来。（3）通过片植达到一定规模，从而构成风景林，加深人们的视觉层次感，并且对景观空间结构起到一定的架构作用，可以营造出较有气势的景观。（4）与基础植物相互搭配，可以排列成优美的造型；特别是在绿色基础植物的大背景下，可以将彩色树种衬托得更加美丽。

绿化优良彩叶树种共推荐 8 种：银杏、水杉、枫香、红枫、鸡爪槭、紫叶李、乌桕、娜塔栎。

银杏　　　　　　　　　　　水杉　　　　　　　　　枫香

娜塔栎　　　　　　　　　　　乌桕

红枫

紫叶李　　　　　　　　　　　鸡爪械

2. 花灌木

花灌木是以观花为主的灌木类植物——具有木质茎，在地表或近地面部位多分枝的落叶或常绿植物。它们的植株高度差异很大，但在园林应用中大多不超过 3 米。花灌木种类繁多，园林效果稳定，其多种多样的叶、花、果实和茎干等可供全年观赏，是园林植物配植中不可缺少的元素，并能为整体环境提供一个季相丰富且持续存在的背景。其造型多样，能营造出五彩景色，被视为园林景观的重要组成部分。广泛运用于连接特殊景点的花廊、花架、花门，点缀山坡、池畔、草坪、道路等，以及小庭院美化和盆栽观赏。

配置要求：（1）合理配置，要了解其所占的空间大小、功能及造景方面的要求，选择适宜该环境条件的花木种类，精心设计，使其最大限度地发挥美化和保护环境的作用。（2）多方面构思，选取姿态、色彩、香气比较突出者，展现其个体美的特点。（3）选取枝叶茂密、防风尘效果突出的种类，可成片种植，体现其群体美。（4）有的品种表现出春花秋实的季节特征，更应使其在季节变化中彰显其独有的多样性。（5）有许多树种在不同年龄有不同的树姿，幼年、壮年、老年姿态各有妙趣，均是合理配置应考虑的因素。（6）根据环境和花木本身的特有习性，可与山水地形、建筑、园路、草地、林缘等相互衬托，在有限的空间中形成最接近大自然的园林景观，同时还可最大限度地发挥其改善环境、保护环境的作用。

绿化优良花灌木树种共推荐 18 种：山茶、茶梅、红花檵木、春鹃、夏鹃、小叶栀子、大叶栀子、含笑、金丝桃、云南黄素馨、大花六道木、绣线菊、结香、月季类、绣球、马缨丹、南天竹、连翘。

绣线菊

云南黄素馨	结香	月季类
南天竹	绣球	大花六道木	连翘
山茶	茶梅	红花檵木	马缨丹
春鹃	夏鹃	小叶栀子
大叶栀子	含笑	金丝桃

3. 造型类

造型是指采用修剪、盘扎等措施，使园林树木育成预期优美形状的技艺。经过造型的树木，称为造型树。园林中恰当地应用树木造型，可收到良好的艺术效果。

根据造型树形状的不同，树木造型可分成 4 类：(1) 篱垣式：通过修剪或编扎等手段使列植的树木形成高矮、形状不同的篱垣。常见的绿篱、树墙均属此类。树篱在园林中常植于建筑、草坪、喷泉、雕塑等的周围，起分隔景区或背景的作用。这类造型要求枝叶茂密、耐修剪、生长偏慢的树种。(2) 几何式：将树木修剪成球形、伞形、方形、螺旋体、圆锥体等规整的几何形体，多用于规则式园林，给人以整齐的感觉。这类造型要求枝叶茂密、萌芽力强、耐修剪或易于编扎的树木。(3) 桩景式：应用缩微手法，典型再现古木奇树神韵的园林艺术品，多用于露地园林重要景点或花台。大型树桩盆景即属此类。这类造型要求树干低矮、苍劲拙朴的树种。

绿化优良造型类树种共推荐 20 种：日本五针松、罗汉松、龙柏、红叶石楠、火棘、金森女贞、金禾女贞、金叶女贞、金边黄杨、小叶黄杨、枸骨、无刺枸骨、海桐、金边胡颓子、八角金盘、珊瑚树、花叶青木、狭叶十大功劳、银姬小蜡、龟甲冬青。

| 小叶黄杨 | 枸骨 | 无刺枸骨 |

| 海桐 | 金边胡颓子 | 八角金盘 |

珊瑚树　　　　　　　　　花叶青木　　　　　　　　狭叶十大功劳

银姬小蜡　　　　　　　　日本五针松　　　　　　　　龟甲冬青

罗汉松　　　　　　　　　　　　　　　　龙柏

红叶石楠　　　　　　　　　　　　　　　　　火棘

金森女贞　　　　　　　　　　　　　　　　　金边黄杨

金禾女贞　　　　　　　　　　　　　　　　　金叶女贞

4. 竹类

竹是我国乃至世界园林常用的植物材料，是构成中国园林的重要元素，它可以带给人们色彩、形态等美的感受，并拥有丰富的寓意和人文哲理。竹的种类很多，有的低矮似草，有的高如大树。竹能与水、石、墙、建筑组合造景。许多奇异的观赏竹，形态各异，形色优美，让人赏心悦目。

配置要点：（1）以竹为主要造景材料而大面积种植，能创造景区的独特意境，常用于风景区和大型公园中。（2）局部种植在小公园、居住区内的山丘处，以"松、竹、梅"组成"岁寒三友"的意境。（3）局部点缀在园门入口两侧、庭院和建筑物周围、角隅、窗口、亭边等，幽雅秀丽；在湖边溪旁配置，显其婀娜多姿，古朴风雅；在路旁石隙种植，显其青翠清净。（4）可作地被使用，在林内或大树下布置，以构成林间野趣。（5）在城市绿化带中群植，起到覆盖地表等作用。

绿化优良竹类树种共推荐 5 种：黄秆乌哺鸡竹、金镶玉竹、孝顺竹、紫竹、菲白竹。

黄秆乌哺鸡竹　　　　　　　　　紫竹　　　　　　　　　　孝顺竹

金镶玉竹　　　　　　　　　　　菲白竹

第三章
植物配置模式

3

第一节　植物配置模式研究

1. 功能型配置模式

1.1 游憩型植物群落

游憩型植物景观的主要特点是人们能够进入绿地中休憩、游玩、活动和交谈。它强调人性空间的建立，同时强调生态功能与景观美化功能并重，平面结构强调上层乔木合理的覆盖度与空间分隔处的密度，垂直结构强调适宜的相对高度，季相结构强调四季景观富于变化。

1.2 观赏型植物群落

观赏型植物景观是园林植物配置的一个重要类型，其主要功能是美化区域环境且呈现突出的观赏效果，基本不考虑人的游憩行为，是绿地中主要景点、城市广场、绿地入口及主要园路两侧等地段和园路交叉处的主要布局手法。观赏型景观采用的植物种类比较丰富，立面层次简洁，群落上层乔木数量较少，群落中层多选用观赏价值高的中、小型乔灌木，且植物通常树形优美，花色、叶色、果实、枝干随季节转换而发生变化，令人心情愉悦。结合所处地形和周围景色，运用美学原理，采取统一与变化、调和与对比、韵律与节奏、比例与尺度等手法，合理布局，形成多层次的观赏型植物群落，展示群落的整体美，景观效果良好。

1.3 生态型植物群落

1.3.1 调节小气候型

栽植植株的数量一定要多，植物群落以乔木为主，选用冠幅较大的阔叶落叶树种；群落中、下层可合理配植一些灌木和地被。夏季时节，群落上层的植物枝叶茂密、郁郁葱葱，给区域使用者提供庇荫场地。同时群落内植物所进行的蒸腾作用，在蒸发自身水分时吸走了绿地内的热气，起到了降低区域内温度和增加湿度的作用。冬季时节，上层的落叶乔木枝叶凋零，冬日的阳光透过仅剩的枝干，维持区域内气温的恒定，创造宜人环境。

1.3.2 净化空气型

植物白天吸收二氧化碳排出氧气，清新空气。选用抗污能力较强的树种组成过滤、净化空气，且防治大气污染的林带和林地，如：紫薇对氯化氢、二氧化硫、氟等有害气体有较强的吸收能力；山茶能抗御二氧化硫、氯化氢等有害物质的侵害；桂花对氯化氢、硫化氢、苯酚等污染物有特殊的净化能力，对化学烟雾有一定的抵抗力；紫藤对氯气的吸收能力强等。合理配植这些植物可使城市绿地中的空气得到净化，有益于人们的身体健康。

1.3.3 减噪型

减噪型植物群落能起到良好的隔绝和降低绿地外和马路上的噪音的作用，植物群落应具有良好的层次与密实度，整体上形成自内向外由高到低的种植梯度以及乔木+灌木+地被相结合的种植形式；植物宜采用枝叶紧密的种类，一般应用树冠垂直发展的高大乔木和浓密的中型常绿乔木组成混交的隔音林带，减噪效应明显，景观层次丰富。

1.3.4 保健型

保健型植物群落应有一定的生态结构，配置可以简洁，尽量兼顾观赏性。植物群落多利用植物的有益分泌物质和挥发物质，达到增强人体健康、防病治病的目的。如玉兰花的香味可以使人轻松舒适，减轻疲劳；桂花的香味不仅可以抗菌消炎，还有止咳、平喘等作用；银杏的味道可以预防和治疗心脑血管疾病，使中老年人维持正常的心脏输出量以及正常的神经系统功能，还能保持人体正常的细胞生命周期；松树的气味含有氧离子和负离子，可以改善脑血流的运行状态，使大脑有充足的氧气供应，还可以预防小孩感冒。

2. 空间型配置模式

2.1 开敞式空间

开敞空间型植物群落多为纯草坪，以草本植物为主。开敞空间面积大，地势平坦或多为缓坡，视线开阔，少量乔灌木分布在草坪边缘或构图中心。整个空间气氛疏朗明快，承载大量市民的休闲、游憩、拍照和集会等活动。草坪上植物的配置一般自由栽植，模仿自然，富有野趣。

2.2 低密度围合式空间

低密度围合式空间在具有一定私密性的同时又能够为人们提供游憩活动空间，这类植物空间在城市绿地运用广泛。其分为两种形式：一种是空间一面利用植物围合，视线不通透，而空间另一面为开敞的水面或草坪，形成单方面开敞的空间；另一种是空间里植物分布较为疏朗，人的视线被部分阻隔，但透过枝叶仍可以看到远方。

2.3 覆盖式空间

覆盖式空间型的植物群落顶部封闭，树冠完全遮蔽，形成绿荫的林下空间，供人乘凉、休憩、活动等。一般乔木的分枝点高，冠大荫浓，植物栽植紧密，灌木或草本植物通常具有观花或色叶的属性，吸引人进入。形成覆盖空间常见的乔木为榉树、香樟、悬铃木等。

2.4 垂直式空间

垂直式空间型植物群落一般形成线性空间，出入口较狭窄，植物树干高而细，直立生长，对称列植或种植成树阵形式，主要用于营造不同的空间感受。林缘线和林冠线都较整齐，存在季相变化，也可能是四季常绿的竹林。其打造重点可以放在花灌木的色彩搭配和观花植物点缀上。

2.5 封闭式空间

封闭式空间的特征是空间完全独立，群落内部可及性差，不可进入。群落侧重体现树木的绿化美化功能，生态结构稳定的同时强调群落的组合、平立面构图、色彩、季相变化等。这类型植物群落的结构、外貌、色彩丰富，林冠线和林缘线优美，观赏效果佳，但不可进入，只能在植物群落外部观赏。

第二节　公园植物配置模式

1. 入口景观模式应用

　　城市公园入口作为城市公园的一个形象标志，往往是游人进入公园所得的第一印象，是城市公园与周围环境（包括建筑、城市街道等）之间的过渡和联系，是一个有一定空间序列的人造环境，是城市公园与城市空间延续、融合的中间体，是进入公园的缓冲地带。

　　公园入口作为公园空间序列的起始段，植物配置首先需和入口的功能相协调，满足不阻碍交通、不阻挡视线的基本要求，在此基础上进行精细设计。如用植物分割空间，区分入口区域和外环境；如用树形优美的树种或开花乔木作为点景树，强调入口，起画龙点睛的作用；用排列整齐的植物或对称式植物种植，起引导视线的作用。

　　不同的景观经植物的传、承、转、接等一系列的媒介作用组合到一起，增加景深，扩大视野，延伸空间，对形成整体景观具有更大的作用。

　　公园入口中最常见的景观形式是以园林建筑小品为主和以植物造景为主这两种形式。

1.1 以园林建筑小品为主的模式

　　采用大门建筑或园林小品形式来形成入口标志，具有明确的指示和引导作用。

结合植物孤植、丛植、花池、花台、花境等方式进行点缀衬托，植物多样的枝叶形态可以弱化硬质景观的僵硬感，植物的色彩、季相变化可以丰富环境。这类入口对植物本身的观赏特性要求较高，植物的树种选择和配置方法都相当讲究，追求精炼；植物和园林小品相互融合、相互映衬，共同营造个性化的入口景观。

1.2 以植物造景为主的模式

这种入口形式的灵活性比较大，由于所采用的主要是植物材料，植物的种类还可以根据季节的不同更换、调整，而使入口随着时节的交替呈现出丰富多彩的季相变化。在植物造景形式的公园入口处，植物成为主角。设计这种入口的时候，不仅要选

择观赏特性表现良好的植物种类，遵循相关的配置原则，还要在配置的时候考虑其群落组成关系，这样才能使公园入口在较长时期内保持良好的景观效果。同时，花坛是在入口处最为常用的植物配置形式；按季节换种不同种类的花卉，使游人在入口处就能感受到欢快、热烈的气氛。除此以外，还可结合置石、小雕塑等元素，按一定的造景原则配置成景。

2. 特色造景模式应用

　　主要位于草坪中央、活动场地边缘、游人视线集中处，是以多种植物组合和造型为主的重要欣赏点。其对植物景观配置的要求比其他地方要高，重点在植物特色造景，突出植物的观赏特性，注重植物季相变化的营造，同时注重多样的植物搭配形式，做到层次分明、色彩丰富，季季有景。植物造型除了考虑其美观性外，还需根据空间优势，利用植物群体的高低错落，在有限的土地资源上最大化地实现绿化效果，从而提升公园整体环境的质量。

3. 片林景观模式应用

林植是面积和规模较大的成带成林状的配置方式，一般以乔木为主，有林带、密林和疏林的形式。片林景观中，城市公园内与游人活动最为紧密、变化最为丰富的就是以密林为背景、疏林为近景的景色，植物配置时注意林冠线的变化、密林和疏林交错变化、林中树木的选择与搭配、群体与环境的关系等。

密林郁闭度在 0.7 ～ 1.0，公园中提倡混交密林的应用，这种景观具有垂直郁闭景观美和丰富的季相变化；混交密林是一个多层复合结构的植物群落，一般选用观赏价值高的树种，季相变化比较丰富；面积大的密林可以采用不同树种的片状、带状或块状混交；小面积的多采用小片状或点状混交；注意常绿与落叶，乔木与灌木的配合比例。

疏林常与大片草坪相结合，郁闭度一般为 0.4 ～ 0.6；疏林常由乔木构成，有少量灌木；疏林中的树种应具有较高的观赏价值，树冠开展，色彩丰富，常绿树与落叶树搭配要合适，一般以落叶树为主。

4. 园路景观模式应用

主要分为主园路、次园路和小路。如何从游赏的角度来实现其导游的作用是园路设计的重要内容。进行植物景观设计时，应以植物的形、美、色取胜，符合艺术构图的基本规律；可采用乔、灌、草、花等复层自然式栽植方式，做到宜花则花、宜树则树，高低因借、不拘一格。

4.1 主园路植物配置模式

主园路的植物景观通常代表着公园景观的整体风格，所以该处路段的植物景观既要吸引游人视线又得与公园整体风格定位相一致。主路往往设计成环路。平坦笔直的主路旁常采用规则式配置，最好植以观花类乔木或秋色叶植物，并以花灌木、宿根花卉为下层植物；蜿蜒曲折的主园路，不宜成排、成行种植，应该以自然式配置为宜。另外，由于主园路的功能定位，其设计要求必须符合消防车或运输车辆的通行要求，所以在园路两侧的乔木及灌木的设计上要注意植物体量的选择。

4.2 次园路植物配置模式

次园路是公园中各游览区的主要道路，植物造景比主园路更加灵活多样，植物景观设计要沿次园路的曲线进行布置，做到疏密有致、高低起伏。除此以外，在次园路旁还需要栽植带有一定坡度的草坪、花灌木等彩色植物，这样的景观设计可以令游人欣赏到不同层次的景观效果。

4.3 公园小路植物配置模式

　　小路多为私密性较强的景观空间，宽度在 1.5 米以内，其功能多以进行私密性谈话和安静欣赏为主。小路一般会通过密集型的种植形式将喧嚣的主园路或者不同的活动场所分隔划分，由于比较狭窄，可只在路的一旁种植乔、灌木，还可配置成复层混交群落。其形式多为蜿蜒曲折，其搭配方式多为自然式。

4.4 园路节点植物配置模式

　　园路的路口端点、交叉口、转弯处、路缘等处常常是植物景观配置的重点所在，要求精致细腻，在关键点具有引导、障景、提示等作用。路口端点是某段道路之始或是道路交集之地，引导人们进入新路及其环境，其植物景观一般具有点题作用；园路的交叉路口处也就是道路节点处，经常可以设置中心绿岛等；园路的转弯具改向之作用，路弯处多种植具有一定障景作用的植物；路缘是园路范围的标志，其植物景观设计主要是指紧临园路边缘栽植的植物形式，要美化路缘的景观，应采用较为低矮的地被花卉或草坪，或具有下垂质感的地被，将路缘的道牙进行遮挡。

5. 水岸景观模式应用

水是植物生活必不可少的生态因子，水景是公园的灵魂，植物又是水景的重要依托。利用植物变化多姿、色彩丰富的观赏特性，能使水体的美得到充分的体现和发挥；毫无疑问，无论什么形态的水体都需要借助植物来丰富景观效果。在垂直面上，植物的色彩、形态以及体量的不同都会产生不同效果的组景；而在平面构图上，所选植物的体量大小与后期生长问题也会影响水平面上的景观比例及留白。优美的公园滨水植物景观，既要在构图形式上遵循艺术构图原理，表现植物的组合美，沿岸的植物景观也要在统一中求变化，不仅追求平面上林缘线的曲折变化，而且强调立面上林冠线的节奏韵律，弥补滨水岸线呆板少变的缺陷，增添水岸空间与景观的变化。

植物配置景观形式有三种：（1）线形种植：即乔木成行成列的规则式排列，常与修剪型植物搭配，有时是灌木等距离直线种植，或修剪成绿篱饰边作为大面积滨水草坪的构图要素等。（2）疏林式：即以乔木＋草坪或地被的形式布置在亲水休闲型的滨水地带，突出了视觉空间通透性，体现滨水环境的特征。（3）群落式：在岸线凸出或凹入的空地设置层次分明的自然式群落，既构成了岸线景观的变化，也保证了水体空间的相对独立性，常以乔木与灌木、灌木与灌木等组合形式存在。此类景观的观赏性最强，是水岸植物配置的重点。

6. 山石组合景观模式应用

　　在公园造景中，山石常与植物结合创造景观。从设计的角度来讲，根据四周的环境特征，在设计当中要突出主题，不管是选择植物还是选择山石为主题，都要根据设计目标精心选择植物的种类、形状、类型、大小、高低和色彩等，并且要合理地选择山石的形状，考虑它们在景观当中所要起到的作用，最终的目的是让园林植物与山石之间达到自然、美观、奇趣的效果，相得益彰地创造出丰富多彩、充满灵韵的景观。

7. 建筑小品组合景观模式应用

亭周围的植物宜选用高大乔木形成繁密的绿色背景，亭在大树环拥之中凸显轻巧荫凉。亭的近侧可种植体量娇小、色彩淡雅的观花观叶植物，要求量少质精，使得亭内坐歇赏景者的视线通透，且空气流通。廊是供游人休息、观赏风景的园林建筑，在陆地或临水均可。一面应是开敞空间，视线应通畅；靠陆地一面近景可为封闭空间，也可以是由灌木或草坪构成的开敞空间；大背景应以密植的乔木为主，以缓解廊体量过大带来的呆笨质感，促使廊与背景或水体更好地融合在一起。建筑小品既是优美的赏景对象，也为游人提供舒适爽朗的休息赏景场地。其他如展示、装饰等园林建筑小品，植物配置应该要通过选择合适的物种和配置方式，来突出、衬托或者烘托小品本身的主旨和精神内涵。

第三节　居住区植物配置模式

1. 居住区入口景观模式应用

居住区入口是承接居住区与城市的过渡空间，是整个居住区的开始，是小区展示给城市的名片。入口的设计要与城市的特点和小区整体风格融合，同时具有独特的个性，易于识别。应选择挺拔的树木，配以色彩鲜明的地被植物，突显大气；搭配常绿、落叶、观花等植物，形成色彩明快、韵律分明的入口景观；与入口门头相得益彰，浑然一体，突出入口气势，彰显小区品质，加强入口的标志性作用；同时增加入口迎宾氛围，营造自然、温馨的空间感。

以规则树列式配置的入口形式，功能上以安全性为原则，在景观上强调入口轴线感，以利于空间的有序引导；路两侧对称种植规整式行道树乔木，灌木色带分层种植。植物群组与小品结合式的入口形式，植物与景墙、景石、水景等小品于入口的两侧或是入口的中心点结合形成入口标识，成为入口空间中的主体。

2. 中心绿地景观模式应用

中心绿地作为居住区内最大的公共绿地，是居住区绿地系统的重要组成部分，也是集交往、娱乐、运动、游憩等于一体的多功能公共交往活动空间。

规则对称式布局呈现整体开敞形态，植物沿中轴线规则对称式种植，整齐庄重且简洁大气，空间开阔；对称栽植的花坛、树阵、绿篱等规则有序，轴线感和方向性强；平整的草坪空间尺度舒适，方便居民停留、交往、活动，并与四周的建筑形成对比，能缓解中心绿地的压迫感。

自然组景式根据地形的特点及功能需求，结合水系、构筑物等景观元素疏密有致地进行自由组合搭配，形成了开敞、半开敞和封闭相结合的各种空间组合。自由式的道路联结各空间，整体氛围自由活泼。植物模仿自然群落，色彩多样，层次丰富。与周边自然景观相协调的同时，有助于柔化建筑线条，体现自然而优美的景观环境，并呈现不同的空间景观效果。

　　自由混合式中的功能区块多元化、景观元素多样化，如水景区、植物观赏区、活动区等，种植设计形式亦丰富多样，自然式与规则式相结合。平面布局常结合各种功能分区营造多样化的休闲空间。与规则式结合时多整齐对植、列植，与自然式结合时则植物配置灵活、群落结构丰富、空间类型多样。

3. 组团绿地景观模式应用

　　组团绿地属于半开敞性、半私密性区域，有道路引导或者特定活动场所，是分布在居住区内的中型绿地。供附近居民作短时间游憩、活动之用，也会将一个区域内的老人和儿童活动场地布置在其内。适当设置游憩设施或建筑小品，主要还是以植物景观本身为主。此部分一般是点缀在建筑之间的小型植物观赏区，连接不同区域的建筑群，功能较简单。常采取自然式的设计，道路曲折迂回，配合适当的地形起伏，营造小范围的空间。

4. 宅旁绿地景观模式应用

宅旁绿地包括宅前、宅后，住宅之间及建筑本身的绿化用地，最为接近居民。在居住小区总用地中，宅旁绿地面积最大、分布最广、使用率最高。宅旁绿地的植物造景要求以植物景观为主，绿地率要求达到 90%；在进行植物配置时，应考虑植物与建筑的关系，要注意院落的尺度感，根据院落的大小、高度、色彩、建筑风格的不同，选择适合的树种。

小品结合式多设置在宅前或是建筑单元入口处，植物与花钵、景观雕塑等多种

景观元素结合，以点的形式突出个性化，增强使用者的可识别性。植物多为观花、色叶类乡土性庭院树种，在细节上考虑融入人的情感，提升居民对于家的归属感，真正做到以人为本，努力打造个性化的植物景观。

5. 小区道路绿地景观模式应用

5.1 居住区级道路

居住区级道路是居住区道路系统中的主要道路，具有车行功能，在种植设计时以保证视线通透、保障行人安全为前提。该类型道路多人车分流，因而植物兼具绿化

隔离带的功能以提升步行舒适度。形式上多采用上、中、下三层配置：上层选择冠大荫浓、枝叶茂盛且树姿端正、树干直挺、分枝点统一的乔木，形成序列美；中层为灌木层，密植且耐修剪，也是颜色最为丰富的一层；下层是地被层，以草坪、时令花卉和匍匐类藤本为主。

5.2 组团级道路

组团级道路与宅旁绿地、组团绿地等相衔接，应考虑人行交通和住户回家道路的可识别度。植物搭配手法多样，常结合多种植物组合成群落以实现组团级道路的开敞式和封闭式空间之间的转换。道路宽幅不大且车行的组团道路两侧常采用行列式进行竖向上下两层植物配置，以便于引导方向、保持美观。组群式多出现于组团道路宽幅较大的车行道路或是只通人行的组团道路两侧，竖向上、中、下三层配置。各路口

交叉处进行重点设计，采用乔灌草甚至是花境的方式布局，引导人流的同时点亮局部区域景观。

6. 活动场地景观模式应用

活动场地分布在居住区内适当的位置，供附近居民作短时间游憩、活动之用，也会将一个区域内的老人和儿童活动场地布置在其内。适当设置一些游憩设施或建筑小品，植物一般呈半围合、半开敞的空间形态，植物配置兼具观赏性和隔离性。

第四节　城市道路植物配置模式

1. 行道树绿带模式应用

行道树绿带是指布设在人行道与车行道之间，以种植行道树为主的条形绿带，主要起到为行人和非机动车遮阳庇荫的作用，所以选择的树木冠幅较大。行道树的种植模式有两种：树带式和树池式。行道树选用骨干大乔木，分枝点应在 3.5 米以上，首选乡土树种和长寿树种，其他配景树种应在植物形态、色彩以及季相等特征方面均与行道树互为补充。

2. 分车绿带模式应用

分车绿带是指车行道之间可以绿化的分隔带，其中位于上下行机动车道之间的为中间分车绿带，位于机动车道与非机动车道之间或同方向机动车道之间的为两侧分车绿带。

2.1 中间分车绿带

中间分车绿带是城市道路的重要分隔区间，能够形成城市道路的中央景观风貌，增强道路双向车道的视觉感受。同时，中间分车绿带具有相对宽阔的场地，能够形成若干植物景观特色。

2.2 两侧分车绿带

两侧分车绿带具有分隔组织交通与保障安全的作用，分车带的绿化种植以常绿和落叶乔木为主，搭配灌木、草本、花卉等植物，形成高低错落、疏密有致的植物群落景观。绿地种植模式包括封闭式种植、开敞式种植和混合式种植。

3. 路侧绿带模式应用

　　路侧绿带是指在道路侧方布设在人行道边缘至道路红线之间的绿带，是城市道路中植物景观较为丰富的区域。如宽度超过 8 米，可设计成街头小游园形式。推荐的植物配置模式主要有两种：植物群落和自然草坡。植物群落由乔木、亚乔木、灌木、地被的四层群落空间组成。顶层空间结构以落叶乔木占主导，落叶乔木和常绿乔木的搭配比例约为 3 ∶ 1；亚乔木以极具观赏性的树种为主，增强群落的封闭程度，设置在乔木层的下面，形成丰富的群落结构层次；灌木层采用耐修剪、造型能力强的观花、观叶或观果树种；地被具有镶边的功能。自然草坡是将乔木、亚乔木、灌木、地被的竖向叠加设置成横向过渡：最内层为乔木层，密植乔木，形成路侧绿地的背景；中间层为亚乔木和灌木，此处是景观形态最为丰富的区域；最外层是地被或草坪，结合地形构成疏林缓坡的景色。

第五节　城市广场植物配置模式

1. 标志性景观模式应用

标志性景观是广场中最有魅力的观赏点。中心标志性景观常常体现城市和广场的形象，以及商业氛围；局部标志性景观以突出宣传教育主题为主。标志性景观要做到与总体环境协调统一，根据景观立意与艺术布局的要求，与地形地貌等因素结合。常与景观小品配合，相得益彰，共同凸显景观效果，同时运用新技术、新材料，为营造有趣味性的植物景观"景"上添花。

标志性景观一般位于广场主入口、次入口、场地中心、建筑物入口或道路端点、交叉点，以及游人视线集中的其他位置。

2. 场地围合景观模式应用

围合景观在广场内部形成特殊的广场体验，又是广场外围的形象，既要考虑广场内部的私密性和整体性，又要考虑与周边道路的通达性和便捷性；既要注重选择乔木、灌木及地被植物，做到多样性，也要注意乔灌草多层次配植，形成植物生态景观群落；并将植物以群体集中方式进行种植，发挥同种体的相互协作效应及环境效益大大优于单株及零星种植方式的特点，实现绿量上的景观累加效应。

3. 休闲绿地景观模式应用

休闲绿地是广场中人们日常使用最多的场地，为人们提供文化娱乐的场所，体现公众的参与性，因而在广场植物景观设计上可根据广场自身特点，运用植物材料来划分组织空间，使不同的人群都有适宜的活动场所。绿化上应考虑遮阴，考虑运用植物结合休息设施营造舒适的绿色休闲场所。

参考文献：

［1］张德顺，芦建国. 风景园林植物学 [M]. 上海：同济大学出版社，2018.

［2］李文敏. 园林植物与应用（第 2 版）[M]. 北京：中国建筑工业出版社，2011.

［3］王凤珍. 园林植物美学研究 [M]. 武汉：武汉大学出版社，2019.

［4］臧德奎. 彩叶树种选择与造景 [M]. 北京：中国林业出版社，2003.

［5］刘慧民. 园林树木图鉴与造景综合实践教程 [M]. 北京：化学工业出版社，2020.

［6］陈波. 杭州西湖园林植物配置研究 [D]. 杭州：浙江大学，2006.

［7］周丽娜. 园林植物色彩配置 [M]. 天津：天津大学出版社，2020.

附录：
城市绿化优良树种
植物名录

乔木类

■庭荫树

一、香樟

1. 学名：*Cinnamomum camphora*（L.）J.Presl

2. 科属：樟科，樟属

3. 形态特征：

性状 常绿乔木，一般高 20 ～ 30 米，最高可达 50 米。

花朵 圆锥花序生于新枝的叶腋内，花小，碗状，绿色或黄绿色；花期 4 ～ 5 月。

果实 果卵球形或近球形，直径 6 ～ 8 毫米，紫黑色；果期 8 ～ 11 月。

叶片 互生，卵状椭圆形，薄革质；幼叶淡红绿色，渐变绿色，背面灰绿色。

株形 树冠呈广卵形。

4. 生长习性：生长速度中等。喜光，稍耐阴，较耐水湿；耐寒性不强，不耐干旱、瘠薄和盐碱土。主根发达，深根性，能抗风。萌芽力强，耐修剪。能吸收多种有毒气体，耐烟尘。

5. 绿化应用：树形雄伟壮观，树冠开展，枝叶繁茂，枝叶秀丽而有香气，是城市绿化优良树种，广泛用作庭荫树以及行道树、防护林、风景林。配置于池畔、水边、山坡、平地无不相宜。若孤植于空旷地，让树冠充分发展，浓荫覆地，效果更佳。在草地中丛植、群植或用作背景树都很合适。道路列植和广场树阵均佳。

二、桂花

1. 学名：*Osmanthus* spp.

2. 科属：木樨科，木樨属

3. 形态特征：

性状 常绿乔木或灌木，通常高 3～5 米，最高可达 12 米。

花朵 簇生于叶腋，淡黄色，花冠多 4 裂，浓香；花期 9 月至 10 月上旬。

果实 果歪斜，椭圆形，长 1～1.5 厘米，呈紫黑色；果期翌年 3 月。

叶片 革质，单叶对生，长圆形或长圆状披针形，深绿色。

株形 树皮灰色，不裂，树冠圆球形。

4. 生长习性：喜光，也耐半阴，喜温暖气候，不耐寒。对土壤要求不严，但以排水良好、富含腐殖质的沙质壤土为最好。

5. 绿化应用：终年常绿，枝繁叶茂，秋季开花，芳香四溢，可谓"独占三秋压群芳"。在园林中应用普遍，常作园景树，有孤植、对植，也有成丛成林栽种。在"四旁"或窗前栽植桂花树，能收到"金风送香"的效果。桂花对有害气体二氧化硫、氟化氢有一定的抗性，是道路、工矿区绿化的好花木。

三、乐昌含笑

1. 学名：*Michelia chapensis* Dandy

2. 科属：木兰科，含笑属

3. 形态特征：

性状 常绿乔木，高 15 ～ 30 米。

花朵 花梗长 4 ～ 10 毫米，被灰色微柔毛；花被片淡黄色，6 片，芳香，2 轮，外轮倒卵状椭圆形；花期 3 ～ 4 月。

叶片 叶薄革质，倒卵形、狭倒卵形或长圆状倒卵形，尖头钝，深绿色，有光泽。

株形 树干挺拔，树冠圆锥状塔形。

4. 生长习性：生长适宜温度为 15 ～ 32℃，喜温暖、湿润的气候，喜光，亦能耐寒。喜深厚、疏松、肥沃、排水良好的酸性至微碱性土壤；在过于干燥的土壤中生长不良。一般在山坡中下部及山谷两侧生长较好，而在山脊、山坡上部生长较差。

5. 绿化应用：树荫浓郁，四季深绿，花香醉人，可孤植、列植、丛植或群植于园林中，作行道树亦有良好的景观效果。

四、鹅掌楸

1. 学名： *Liriodendron chinensis* (Hemsl.) Sarg.

2. 科属： 木兰科，鹅掌楸属

3. 形态特征：

性状　　落叶大乔木，高达 40 米。

花朵　　单生于枝顶，杯状，绿色，具黄色脉纹；花期 5 月。

果实　　聚合果长 7 ~ 9 厘米；果期 9 ~ 10 月。

叶片　　单叶互生，马褂状，深绿色，秋季转黄色。

株形　　小枝灰色或灰褐色，树冠圆锥状。

4. 生长习性： 阳性树种，喜光，喜温湿、凉爽气候，适应性较强，有一定的耐寒性。喜深厚、肥沃、适当润湿而排水良好的酸性或微酸性土壤；忌低湿水涝，在干旱土地上会生长不良。对有害气体的抵抗性较强。

5. 绿化应用： 树形端正，叶形奇特，花大而美丽，其黄色花朵形似杯状的郁金香，欧洲人称之为"郁金香树"，是城市中极佳的庭荫树和行道树种。无论丛植、列植或片植，均有独特的景观效果，也是工矿区绿化的优良树种之一。

五、广玉兰

1. 学名： *Magnolia grandiflora* L.

2. 科属： 木兰科，木兰属

3. 形态特征：

性状 常绿乔木，高达 30 米。

花朵 花大，杯状或荷花状，米白色，有芳香；花期 5 ～ 6 月。

果实 聚合果圆柱状长圆形或卵圆形，长 7 ～ 10 厘米；果期 9 ～ 10 月。

叶片 厚革质，椭圆形、长圆状椭圆形或倒卵状椭圆形，表面深绿色，长 20 厘米。

株形 树皮淡褐色或灰色，小枝粗壮，树冠卵状圆锥形。

4. 生长习性： 弱阳性树种，喜温暖湿润气候，根系深广，颇能抗风。不耐盐碱，在肥沃、深厚、湿润而排水良好的酸性或中性土壤中生长良好。病虫害少。能耐烟抗风，对二氧化硫等有毒气体有较强的抗性。

5. 绿化应用： 树姿雄伟壮丽，叶大荫浓，花似荷花，芳香馥郁，是美丽、优良的城市绿化观赏树种。可孤植于草坪，对植在现代建筑入口两侧，列植作行道树，在开阔的草坪边缘群植片林，或在居民小区、街头绿地、工厂等绿化区种植，既可遮阳又可赏花。可利用其枝叶色深浓密的特点，为雕塑等作背景，使层次更为分明。亦是净化空气、保护环境的好树种。

六、合欢

1. 学名： *Albizia julibrissin* Durazz.

2. 科属： 豆科，合欢属

3. 形态特征：

性状 落叶乔木，高可达 16 米。

花朵 头状花序排成伞房状，花粉红色；花期 6～7 月。

果实 荚果呈带状，嫩的果实外表有柔毛，成熟的则没有柔毛；果期 8～10 月。

叶片 二回偶数羽状复叶，互生，中绿色，长 30～45 厘米。

株形 树干灰黑色，树冠伞状。

4. 生长习性： 喜温暖湿润和阳光充足的环境，对气候和土壤的适应性强，宜在排水良好、肥沃的土壤中生长，生长迅速。对二氧化硫、氯化氢等有害气体有较强的抗性。

5. 绿化应用： 树姿秀丽，叶形雅致，夏季绒花盛开满树，有香有色，且花期长，是美丽的庭园观赏树种。宜作庭荫树、行道树，点缀于房前、草坪、山坡、林缘或片植为风景林。抗性较强，适于厂矿、道路绿化。

七、榔榆

1. **学名**: *Ulmus parvifolia* Jacq.

2. **科属**: 榆科,榆属

3. **形态特征**:

性状 落叶乔木,高达 25 米,胸径可达 1 米。

花朵 花簇生于叶腋,花被上部杯状,下部管状,花梗极短,被疏毛;秋季开花。

果实 翅果椭圆形或卵状椭圆形,长 10 ~ 13 毫米;果期 8 ~ 10 月。

叶片 叶质地厚,披针状卵形或窄椭圆形,稀卵形或倒卵形。

株形 树干略弯,树皮灰色或灰褐色,树冠广圆形。

4. **生长习性**: 喜光,喜气候温暖。耐干旱,喜肥沃、排水良好的中性土壤,在酸性、中性及碱性土壤中均能生长。对有毒气体及烟尘抗性较强。

5. **绿化应用**: 树皮斑驳雅致,小枝下垂,秋日叶色变红,是良好的观赏树及"四旁"绿化树种。常孤植成景,适宜种植于池畔、亭榭附近,也可配于山石之间。萌芽力强,为制作盆景的优质材料。

八、七叶树

1. 学名：*Aesculus chinensis* Bunge

2. 科属：七叶树科，七叶树属

3. 形态特征：

性状　落叶乔木，高达 25 米。

花朵　圆锥花序，花白色，芳香；花期 4 ～ 5 月。

果实　球形或倒卵圆形，黄褐色；果期 10 月。

叶片　掌状复叶，小叶 5 ～ 7 枚，倒披针形，中绿色，长 20 厘米。

株形　树皮深褐色或灰褐色，小枝圆柱形，树冠呈自然圆头形。

4. 生长习性：喜光，也耐半阴，喜湿润气候，不耐严寒。喜肥沃、深厚的土壤。

5. 绿化应用：树干耸直，冠大荫浓，花大秀丽，果形奇特，是观叶、观花、观果不可多得的树种，为世界著名的观赏树种之一。初夏繁花满树，硕大的白色花序又似一盏华丽的烛台，是优良的行道树和园林观赏植物，可作人行步道、公园、广场、寺庙绿化树种，既可孤植也可群植，或与常绿树和阔叶树混种。

九、枫杨

1. 学名： *Pterocarya stenoptera* C.DC.

2. 科属： 胡桃科，枫杨属

3. 形态特征：

性状 落叶乔木，高达 30 米。

花朵 荑黄花序，黄绿色，雌雄同株，雄花序生于叶腋，雌花序生于枝顶；花期 4 ～ 5 月。

果实 长椭圆形，长约 6 ～ 7 毫米；挂果期 5 ～ 11 月。

叶片 互生，多为偶数羽状复叶，长 40 厘米，叶轴有翅，小叶 10 ～ 16 枚，长椭圆形，亮绿色。

株形 幼树树皮平滑，浅灰色，老时则深纵裂；小枝灰色至暗褐色；树冠丰满开展。

4. 生长习性： 萌芽力很强，生长很快，速生树种。喜光树种，不耐荫蔽。喜深厚、肥沃、湿润的土壤。深根性树种，主根明显，侧根发达。对有害气体二氧化硫及氯气的抗性弱。

5. 绿化应用： 树干高大，树体通直粗壮，枝叶茂盛，绿荫浓密，形态优美典雅。可孤植、丛植、群植于草坪上，也可与一些常绿及彩叶树种组成混交林。既可以作为行道树，也是护岸防浪的首选树种。

十、杜英

1. 学名：*Elaeocarpus decipiens* Hemsl.

2. 科属：杜英科，杜英属

3. 形态特征：

性状　常绿乔木，高 5 ～ 15 米。

花朵　总状花序腋生，花黄白色，下垂；花期 6 ～ 7 月。

果实　核果椭圆形，外果皮无毛；果期 10 ～ 11 月。

叶片　革质，披针形或矩圆状披针形，深绿色，秋季转红色，长 10 ～ 15 厘米。

株形　嫩枝及顶芽初时被微毛，不久变秃净，干后黑褐色；树冠呈卵球形。

4. 生长习性：生长速度中等偏快；根系发达，萌芽力强，耐修剪。喜温暖潮湿环境，耐寒性稍差，稍耐阴。喜排水良好、湿润、肥沃的酸性土壤。对二氧化硫抗性强。

5. 绿化应用：最明显的特征是叶片在掉落前高挂树梢，红叶随风徐徐飘摇，非常适合作为庭园添景、绿化或观赏树种。宜于草坪、坡地、林缘、庭前、路口丛植，也可栽作其他花木的背景树，或列植成绿墙起隐蔽遮挡及隔声作用。因具有分枝低、叶色浓艳、分枝紧凑、适合构造绿篱墙的特点，用作行道树更有一定优势。因抗性强，可选作工矿区绿化和防护林带树种。

十一、石楠

1. 学名： *Photinia serrulata* Lindl.

2. 科属： 蔷薇科，石楠属

3. 形态特征：

性状　常绿灌木或中型乔木，一般高 3 ～ 6 米，最高可达 12 米。

花朵　花瓣为白色，近圆形；花期 4 ～ 5 月。

果实　红色球形，后成褐紫色；种子为平滑的棕色卵形；果期 10 月。

叶片　叶片革质，长椭圆形、长倒卵形或倒卵状椭圆形，长 9 ～ 22 厘米，宽 3 ～ 6.5 厘米，先端尾尖，基部圆形或宽楔形，边缘疏生带腺细锯齿。

株形　枝褐灰色，全体无毛。

4. 生长习性： 喜温暖湿润气候，喜光稍耐阴，能耐短期 -15℃的低温。对土壤要求不严，以肥沃、湿润、土层深厚、排水良好、微酸性的沙质壤土为佳。萌芽力强，耐修剪。对烟尘和有毒气体有一定的抗性。

5. 绿化应用： 枝繁叶茂，枝条能自然发展成圆形树冠，终年常绿。其叶片翠绿色，具光泽；早春幼枝嫩叶为紫红色，枝叶浓密；老叶经过秋季后部分出现赤红色；夏季密生白色花朵，秋后鲜红果实缀满枝头，作为庭荫树或进行绿篱栽植效果更佳。在园林中孤植或基础栽植均可，且可根据园林绿化布局需要，修剪成球形或圆锥形等不同的造型。

■主景（孤赏）树

一、日本樱花

1. 学名： *Prunus × yedoensis* Matsum.

2. 科属： 蔷薇科，樱属

3. 形态特征：

性状 落叶乔木，高达 15 米。

花朵 伞形或短总状花序，花大，单瓣，花淡粉红或白色；花期 3～4 月。

果实 核果近球形，黑色；果期 5～6 月。

叶片 卵状椭圆形至倒卵形，叶缘具重锯齿，绿色，长 11 厘米。

株形 树皮暗灰色，平滑；树冠呈伞状。

4. 生长习性： 为温带、亚热带树种，性喜阳光和温暖湿润的气候。对土壤的要求不严，宜在疏松肥沃、排水良好的沙质壤土中生长，但不耐盐碱土，忌积水低洼地。

5. 绿化应用： 日本樱花花色鲜艳亮丽，枝叶繁茂旺盛，是早春重要的观花树种，常用于园林观赏。以群植为主，可植于山坡、庭院、路边、建筑物前。盛开时节花繁艳丽，满树烂漫，如云似霞，极为壮观。可大片栽植造成"花海"景观，亦可三五成丛点缀于绿地形成锦团，也可孤植，形成"万绿丛中一点红"之画意。

二、紫薇

1. 学名: *Lagerstroemia indica* L.

2. 科属: 千屈菜科，紫薇属

3. 形态特征:

性状　落叶小乔木或灌木，高 3 ～ 8 米。

花朵　顶生圆锥花序，花瓣边缘皱缩，基部有爪，花白、粉、红和紫色；花期很长，6 ～ 9 月开花不绝。

果实　蒴果椭圆状球形或阔椭圆形，长 1 ～ 1.3 厘米，幼时绿色至黄色，成熟时呈紫黑色；果期 9 ～ 12 月。

叶片　互生，椭圆形至长圆形，全缘，深绿色，表面光滑，长 8 厘米。

株形　树皮平滑，灰色或灰褐色；枝干多扭曲，小枝四棱状；树冠呈展枝形。

4. 生长习性: 喜暖湿气候，喜光，略耐阴。喜肥，尤喜深厚肥沃的沙质壤土，亦耐干旱，忌涝。具有较强的抗污染能力，对二氧化硫、氟化氢及氯气的抗性较强。

5. 绿化应用: 作为优秀的观花乔木，在实际应用中栽植于建筑物前、院落内、石畔、河边、草坪旁及公园中小径两旁均很相宜。可广泛用于行道绿化。色彩丰富，花期长，可丰富夏秋少花季节。既可单植，也可列植、丛植，与其他乔灌木搭配，形成丰富多彩的景象。

三、玉兰

1. 学名： *Yulania denudata* (Desr.) D. L. Fu

2. 科属： 木兰科，玉兰属

3. 形态特征：

性状 落叶乔木，高达 25 米。

花朵 花先叶开放，较大，单生枝顶，杯状，纯白色，芳香；花期 2 ～ 3 月。

果实 聚合果圆柱形；果期 8 ～ 9 月。

叶片 叶纸质，倒卵状，尖端短而突，中绿色，长 15 厘米。

株形 树皮深灰色，粗糙开裂；小枝稍粗壮，灰褐色；树冠呈卵形。

4. 生长习性： 生长迅速，适应性强，病虫害少。喜阳光，稍耐阴；有一定耐寒性，在 -20℃ 条件下能安全越冬。喜肥沃、适当润湿而排水良好的弱酸土壤，但也能生长于弱碱性土壤中。对二氧化硫、氯气等有毒气体抵抗力较强。

5. 绿化应用： 先花后叶，花洁白、美丽且清香，早春开花时犹如雪涛云海，蔚为壮观。古时常在住宅的厅前院后配置，名为"玉兰堂"。亦可在庭园路边、草坪角隅、亭台前后或漏窗内外、洞门两旁等处种植，孤植、对植、丛植或群植均可。抗性较强，可以在大气污染较严重的地区栽培。

四、二乔玉兰

1. 学名： *Magnolia soulangeana* (Soul.–Bod.) D. L. Fu

2. 科属： 木兰科，玉兰属

3. 形态特征：

性状　落叶小乔木，高 6 ～ 10 米。

花朵　花先叶开放；花被片 9 枚，淡紫红色、玫瑰色或白色，具紫红色晕或条纹；花期 3 ～ 4 月。

果实　聚合果卵圆形或倒卵圆形，熟时黑色；果期 9 ～ 10 月。

叶片　叶倒卵圆形至宽椭圆形，表面绿色，具光泽。

株形　小枝无毛，树冠呈展开的卵形。

4. 生长习性： 性喜阳光和温暖湿润的气候，对温度很敏感，对低温有一定的抵抗力。适宜在酸性、富含腐殖质而排水良好的土壤中生长，微碱土也可。

5. 绿化应用： 花大而艳，花开时一树锦绣，馨香满园；花朵紫中带白，白中又透出些许紫红，显得格外娇艳，观赏价值很高，是城市中极受欢迎也十分常用的绿化花木。广泛用于公园、绿地和庭园等孤植观赏，也可成排种植作为绿化道上的行道树，园林中也常种植在庭院建筑物前起到观赏和遮阴的作用。

五、碧桃

1. **学名**：*Pyunus persica* L. 'Dupiex'

2. **科属**：蔷薇科，桃属

3. **形态特征**：

性状　落叶小乔木，高可达 8 米，一般整形后控制在 3 ～ 4 米。

花朵　单生或两朵生于叶腋，先于叶开放；有单瓣、半重瓣和重瓣，花色有白、粉红、红和红白相间等色；花期 3 ～ 4 月。

果实　卵形、宽椭圆形或扁圆形，色泽变化由淡绿白色至橙黄色；果期 8 ～ 9 月。

叶片　单叶互生，椭圆状或披针形，长 7 ～ 15 厘米。

株形　树皮灰褐色，枝条多直立生长；树冠呈宽广而平展形。

4. **生长习性**：喜阳光，耐旱，不耐潮湿的环境；喜欢气候温暖的环境，耐寒性好。要求土壤肥沃、排水良好。

5. **绿化应用**：花大色艳，开花时美丽漂亮，和紫叶李、紫叶矮樱等苗木通常一起使用，是园林绿化中常用的彩色苗木之一。在园林绿化中被广泛用于湖滨、溪流、道路两侧和公园绿化，以及庭院和私家花园的点缀。可片植形成桃林，也可孤植点缀于草坪中，亦可与贴梗海棠等花灌木配植，绿化效果突出，形成百花齐放的景象。

六、垂丝海棠

1. 学名： *Malus halliana* Koehne

2. 科属： 蔷薇科，苹果属

3. 形态特征：

性状 落叶小乔木，高达 5 米。

花朵 伞房花序，花瓣倒卵形，粉红色；花期 3 ～ 4 月。

果实 果实梨形或倒卵形；果期 9 ～ 10 月。

叶片 叶片卵形或椭圆形至长椭圆形。

株形 小枝细弱，微弯曲，圆柱形；树冠疏散，枝开展。

4. 生长习性： 喜阳光，不耐阴，也不甚耐寒，喜温暖湿润的环境，适生于阳光充足、背风之处。土壤要求不严，在土层深厚、疏松、肥沃、排水良好、略带黏质的土壤中生长更好。生性强健，栽培容易。对二氧化硫有较强的抗性。

5. 绿化应用： 种类繁多，树形多样，叶茂花繁，丰盈娇艳，可地栽装点园林。可在门庭两侧对植，或在亭台周围、丛林边缘、水滨布置；若在观花树丛中作主体树种，其下配植春花灌木，其后以常绿树为背景，则尤绰约多姿，显得漂亮。若在草坪边缘、水边湖畔成片群植，或在公园游步道旁两侧列植或丛植，亦具特色。垂丝海棠是深受人们喜爱的庭院木本花卉，广泛适用于城市公园、街道绿地、居住区和厂矿区绿化。

七、梅花

1. 学名：*Prunus mume* Sieb. & Zucc.

2. 科属：蔷薇科，李属

3. 形态特征：

性状　落叶小乔木，高 4 ～ 10 米。

花朵　花单生或有时 2 朵同生于 1 芽内，先叶开放，花萼通常红褐色；花瓣倒卵形，白色至深粉色，芳香；花期为冬末至初春。

果实　果实近球形，黄色或绿白色；果期 5 ～ 6 月。

叶片　互生，卵形，深绿色。

株形　枝干褐紫色，多纵驳纹，小枝呈绿色或以绿为底色，无毛；树冠呈不正圆头形。

4. 生长习性：喜阳光充足、通风良好；阳性、长寿树种。对土壤要求不严，以疏松肥沃、排水良好为佳；对水分敏感，虽喜湿润但怕涝。

5. 绿化应用：梅为中国传统的果树和名花，最宜植于庭院、草坪、低山丘陵，可孤植、丛植、群植。最好用苍翠的常绿树或深色的建筑物作为衬托，更可显出其冰清玉洁之美。如将松、竹、梅三者搭配，便可形成一幅相得益彰的"岁寒三友图"。可盆栽观赏或加以整剪做成各式桩景，或作切花瓶插供室内装饰用。

八、石榴

1. 学名： *Punica granatum* L.

2. 科属： 石榴科，石榴属

3. 形态特征：

性状 落叶乔木或灌木，高 2 ～ 7 米。

花朵 钟状或筒状，单瓣或重瓣，花有红、白、黄、粉红等颜色；花期 5 ～ 7 月。

果实 浆果球形，径 6 ～ 12 厘米，果皮厚，顶端具宿存花萼；果期 9 ～ 10 月。

叶片 对生或簇生，长披针形或长倒卵形，亮绿色。

株形 分枝多，小枝柔韧，多呈方形；树冠呈丛状自然圆头形。

4. 生长习性： 喜温暖向阳的环境，耐寒，不耐荫蔽。对土壤要求不严，耐旱，耐瘠薄，但以排水良好的夹沙土栽培为宜，不耐涝。

5. 绿化应用： 树姿优美，枝叶秀丽，初春嫩叶抽绿，婀娜多姿；盛夏繁花似锦，色彩鲜艳；秋季累果悬挂。或孤植或丛植于庭院、游园之角，对植于门庭之出处，列直于小道、溪旁、坡地、建筑物之旁，也宜做成各种桩景和供瓶插花观赏。

九、羽毛槭

1. 学名：*Acer palmatum var. dissectum* (Thunb.) Miq.

2. 科属：槭树科，槭属

3. 形态特征：

性状　落叶小乔木或灌木，高 1 ～ 3 米。

花朵　花紫色，伞形状伞房花序；花期 5 月。

果实　翅果平滑，9 ～ 10 月果熟。

叶片　单叶对生，掌状 7 裂，基部近楔形或近心脏形，裂片披针形，先端锐尖；尾状，边缘具锯齿，嫩叶两面密生柔毛，后叶表面光滑。

株形　树冠开展，叶片细裂，秋叶深黄至橙红色，枝略下垂。

4. 生长习性：喜温暖气候，不耐寒。

5. 绿化应用：槭树类姿态潇洒，婆娑宜人，尤其是羽扇槭、羽毛槭、鸡爪槭等具有优美叶形的种类能产生轻盈秀丽的效果，使人感到轻快，因而非常适于小型庭院的造景，多孤植、丛植。

十、红果冬青

1. **学名**：*Ilex rubra* S. Watson

2. **科属**：冬青科，冬青属

3. **形态特征**：

性状　常绿乔木，高达 20 米。

花朵　花黄绿色，花萼裂片圆形，花瓣卵形；花期 5 ～ 6 月。

果实　果近球形，直径 3 ～ 4 毫米，成熟时紫红色；挂果期 10 月至翌年 4 月。

叶片　叶片革质，卵形、卵状椭圆形或卵状披针形，叶面深绿色，有光泽。

株形　树形常呈自然式的合轴主干形、圆头形、圆锥形。

4. **生长习性**：喜光，耐阴，不耐寒。喜肥沃的酸性土，较耐湿，但不耐积水。深根性，抗风能力强，萌芽力强，耐修剪。对有害气体有一定的抗性。

5. **绿化应用**：冬青树冠高大，四季常青，秋冬红果累累。宜作园景树、庭荫树，亦可孤植于草坪、水边，列植于门庭、墙边、甬道，可作绿篱、盆景，果枝可插瓶观赏。

十一、垂柳

1. 学名： *Salix babylonica* L.

2. 科属： 杨柳科，柳属

3. 形态特征：

性状 落叶乔木，高 12 ～ 18 米。

花朵 柔荑花序，雄花具红黄色花药；花期 2 ～ 3 月。

果实 蒴果；果期 4 ～ 5 月。

叶片 叶互生，披针形或条状披针形，边缘具细锯齿，叶面中绿色，背面灰绿色。

株形 树皮灰黑色，不规则开裂；枝细下垂，淡褐黄色；树冠开展而疏散。

4. 生长习性： 喜光，喜温暖湿润气候及潮湿深厚的酸性及中性土壤。萌芽力强，根系发达，生长迅速，对有毒气体有一定的抗性，并能吸收二氧化硫。

5. 绿化应用： 柳树枝条细长，生长迅速，自古以来深受中国人民喜爱。最宜配置在水边，如桥头、池畔，河流、湖泊等水系沿岸处。与桃花间植可形成桃红柳绿之景，是江南园林春景的特色配置方式之一，也可作庭荫树、行道树等。亦适用于工厂绿化，还是固堤护岸的重要树种。

十二、雪松

1. 学名： *Cedrus deodara* (Roxb.) G. Don

2. 科属： 松科，雪松属

3. 形态特征：

性状 常绿针叶大乔木，高达 30 米。

花朵 雄雌同株或异株，雄球花圆柱形，雌球花卵圆形；花期 10 ～ 11 月。

果实 卵圆形或宽椭圆形，成熟前淡绿色，熟时红褐色；球果翌年 10 月份成熟。

叶片 针形，灰绿色，长 4 ～ 5 厘米，在长枝上散生，在短枝上簇生。

株形 大枝平展，小枝略下垂；树冠呈尖塔形。

4. 生长习性： 喜光，稍耐阴，喜温和凉润气候，有一定的耐寒性，对过于湿热的气候适应能力较差。不耐水湿，较耐干旱瘠薄。浅根性，抗风力不强。

5. 绿化应用： 世界著名的庭园观赏树种之一。树体高大，树形优美，最适宜孤植于草坪中央、建筑前庭中心、广场中心或主要建筑物的两旁及园门的入口等处，主干下部的大枝自近地面处平展，长年不枯，能形成繁茂雄伟的树冠；亦可列植于园路的两旁，形成甬道，极为壮观。

十三、杨梅

1. 学名： *Myrica rubra* (Lour.) Sieb. et Zucc.

2. 科属： 杨梅科，杨梅属

3. 形态特征：

性状 常绿乔木，高可达 15 米。

花朵 雌雄异株，菜黄花序腋生，花紫红色，花期 4 月。

果实 核果球状，外表面具乳头状凸起，外果皮肉质，多汁液及树脂，味酸甜，成熟时深红色或紫红色；6～7 月果实成熟。

叶片 厚革质，倒披针形或矩圆状倒卵形，深绿色，表面亮绿色，背面淡绿色，长 7～17 厘米。

株形 树皮灰色，老时纵向浅裂；树冠呈圆球形。

4. 生长习性： 喜微酸性土壤和湿润的环境，耐阴，不耐强光，不耐寒。

5. 绿化应用： 枝繁叶茂，树冠圆整，初夏又有红果累累，十分可爱，是园林绿化结合生产的优良树种。孤植、丛植于草坪、庭院，或列植于路边都很合适，也可采用密植方式来分隔空间或起遮蔽作用。

十四、紫荆

1. 学名: *Cercis chinensis* Bunge

2. 科属: 豆科, 紫荆属

3. 形态特征:

性状 灌木或落叶小乔木, 高 2 ~ 5 米。

花朵 花紫红色或粉红色, 2 ~ 10 朵成束, 簇生于老枝和主干上, 先于叶开放; 花期 3 ~ 4 月。

果实 荚果扁狭长形, 绿色, 长 4 ~ 8 厘米; 果期 8 ~ 10 月。

叶片 纸质, 互生, 近圆形, 全缘, 主脉 5 出, 深绿色, 秋季转黄色, 长 12 厘米。

株形 树皮和小枝灰白色, 在园林中常作为灌丛使用, 树冠自然展开。

4. 生长习性: 暖带树种, 喜光, 较耐寒, 稍耐阴。萌芽力强, 耐修剪。喜肥沃、排水良好的土壤, 不耐湿。

5. 绿化应用: 花形如蝶, 满树皆红, 艳丽可爱, 叶片心形, 多丛植于草坪边缘和建筑物旁, 园路角隅或树林边缘。因开花时, 叶尚未长出, 故宜与常绿之松柏配植为前景或植于浅色的物体前面, 如白粉墙之前或岩石旁。

■行道树

一、悬铃木

1. 学名： *Platanus × acerifolia* (Ait.) Willd.

2. 科属： 悬铃木科，悬铃木属

3. 形态特征：

性状　落叶大乔木，高可达 35 米。

花朵　头状花序球形；花长约 4 毫米；萼片 4；花瓣 4；花期 4～5 月。

果实　球果下垂，通常 2 球一串，坚果基部有长毛；果熟期 9～10 月。

叶片　单叶互生，叶大，叶片三角状，嫩时有星状毛，后近于无毛。

株形　树皮灰绿或灰白色，枝条开展；树冠广阔呈长椭圆形。

4. 生长习性： 速生树种，易成活，耐修剪。喜光，喜湿润温暖气候，较耐寒。适生于微酸性或中性、排水良好的土壤。抗空气污染能力较强，叶片具吸收有毒气体和滞积灰尘的作用；对二氧化硫、氯气等有毒气体有较强的抗性。

5. 绿化应用： 悬铃木是世界著名的优良庭荫树和行道树。适应性强，又耐修剪整形，广泛应用于城市绿化，在园林中孤植于草坪或旷地，列植于道路两旁，尤为雄伟壮观。

二、无患子

1. **学名**：*Sapindus saponaria* L.

2. **科属**：无患子科，无患子属

3. **形态特征**：

性状 落叶大乔木，高可达 20 米。

花朵 圆锥花序，花冠淡绿色，花盘杯状；花期 6 ～ 7 月。

果实 核果球形，熟时黄色或棕黄色，干时变黑；果期 9 ～ 10 月。

叶片 单回羽状复叶，叶互生，叶片薄纸质，长椭圆状披针形或稍呈镰形。

株形 树皮灰褐色或黑褐色，枝开展，嫩枝绿色，树冠呈椭圆形。

4. **生长习性**：生长较快，寿命长。喜光，耐寒能力较强，稍耐阴。对土壤要求不严，深根性，抗风力强；不耐水湿，能耐干旱。对二氧化硫抗性较强。

5. **绿化应用**：树干通直，枝叶广展，绿荫稠密，秋季满树叶色金黄，果实累累，是优良的观叶、观果树种。孤植、丛植在草坪、路旁或建筑物旁都很合适。适宜与其他秋色叶树种及常绿树种搭配，更可为园林秋景增色，宜作行道树和庭荫树。

三、黄山栾树

1.学名： *Koelreuteria bipinnata Franch. var. integrifoliola* (Merr.) T. Chen

2.科属： 无患子科，栾树属

3.形态特征：

性状　落叶乔木，高可达 20 米。

花朵　圆锥花序大型，黄色，边缘有小睫毛；花期 7 ～ 9 月。

果实　蒴果椭圆形或近球形，淡紫红色，老熟时褐色；果期 8 ～ 10 月。

叶片　二回羽状复叶，薄革质，长椭圆形或长椭圆状卵形，全缘，中绿色。

株形　皮孔圆形至椭圆形；枝具小疣点；树冠近圆球形。

4.生长习性： 喜光，稍耐半阴，耐寒。耐旱，耐瘠薄，但不耐水淹，对环境的适应性强，喜生长于石灰质土壤中。

5.绿化应用： 全缘叶栾树树形端正，枝叶茂密而秀丽，春季嫩叶紫红，夏季开花满树金黄，入秋鲜红的蒴果又似一盏盏灯笼，是良好的三季可观赏的行道树和庭荫树绿化美化树种。

四、榉树

1. 学名：*Zelkova serrata* (Thunb.) Makino

2. 科属：榆科，榉属

3. 形态特征：

性状 落叶乔木，高达 30 米。

花朵 雌雄同株，雄花簇生新枝下部，雌花单生或 2～3 朵簇生新枝上部；花期 4 月。

果实 核果，上面偏斜，凹陷，直径约 4 毫米；果期 10 月。

叶片 叶薄纸质至厚纸质，大小形状变异很大，椭圆形或卵状披针形，边缘具锯齿。

株形 树皮灰白色或褐灰色，呈不规则的片状剥落；树冠呈倒卵状伞形。

4. 生长习性：生长慢，寿命长。喜光，喜温暖环境。适生于深厚、肥沃、湿润的土壤，忌积水，不耐干旱和贫瘠。深根性，侧根广展，抗风力强，耐烟尘。

5. 绿化应用：树姿端庄，秋叶变成褐红色，是观赏秋叶的优良树种，常种植于绿地中的路旁、墙边，可孤植、丛植配置和作行道树。抗性强，是城乡道路绿化、庭院绿化和营造防风林的好树种。

五、朴树

1. 学名：*Celtis sinensis* Pers.

2. 科属：榆科，朴属

3. 形态特征：

性状 落叶乔木，高达 20 米。

花朵 雌雄同株，淡绿色；花期 4 ～ 5 月。

果实 核果单生或 2 个并生，近球形，熟时红褐色；果期 9 ～ 11 月。

叶片 叶互生，革质，宽卵形至狭卵形，边缘上半部都有浅锯齿，表面深绿色，背面暗绿色，长 8 厘米。

株形 树皮平滑，灰色；树冠扁球形。

4. 生长习性：寿命长，喜光，喜温暖湿润气候。适生于肥沃平坦之地，对土壤要求不严。适应力较强，抗烟尘及有毒气体。

5. 绿化应用：树冠圆满宽广，树荫浓密，整体形态古雅别致，主要用于绿化道路，栽植于公园、小区作景观树。在园林中孤植于草坪或旷地，列植于街道两旁，尤为雄伟壮观。对多种有毒气体抗性较强，也是河网区的防风固堤树种，具有明显的绿化效果，且造价低廉，所以在城市、工矿区、农村等得到了广泛的应用。

六、珊瑚朴

1. 学名： *Celtis julianae* Schneid.

2. 科属： 榆科，朴属

3. 形态特征：

性状　落叶乔木，高达 30 米。

花朵　花序红褐色，状如珊瑚；花期 3 ～ 4 月。

果实　果椭圆形至近球形，金黄色至橙红色；果期 9 ～ 10 月。

叶片　叶厚纸质，单叶互生，宽卵形、倒卵形或倒卵状椭圆形。

株形　树皮淡灰色至深灰色；树冠圆球形。

4. 生长习性： 生长速度中等，寿命长。阳性树种，喜光，略耐阴。适应性强，不择土壤，耐寒，耐旱，耐水湿和瘠薄。深根性，抗风力强，抗烟尘及有毒气体。

5. 绿化应用： 树体高大，叶茂荫浓，红花红果，是优良的行道树、庭荫树及工厂绿化、"四旁"绿化的树种。

■彩叶树

一、银杏

1. 学名：*Ginkgo biloba* L.

2. 科属：银杏科，银杏属

3. 形态特征：

性状　落叶大乔木，高达 18 米。

花朵　雌雄异株，球花均生于短枝叶腋，雄球花有短梗，雄蕊花丝短，雌球花有长梗；花期 4 月左右。

果实　常为椭圆形、长倒卵形、卵圆形或近圆球形，长 2.5～3.5 厘米，外种皮肉质，熟时黄色或橙黄色；果熟期 9～10 月。

叶片　扇形或倒三角形，上缘浅波状，叶脉二叉分出，黄绿色，秋季转黄色。

株形　幼年及壮年树冠呈圆锥形，老则呈广卵形。

4. 生长习性：深根性树种，寿命极长，可达 1000 年。喜光，喜适当湿润而又排水良好的深厚沙质壤土，在酸性土、石灰性土中均可生长良好，对风土的适应性很强。

5. 绿化应用：树体高大，树干通直，姿态优美，春夏翠绿，深秋金黄，是理想的园林绿化、行道树种。叶形古雅，寿命绵长，是著名的无公害树种，有利于美化风景。可作为庭院绿化、道路绿化和田间林网、防风林带的理想栽培树种。被列为中国四大长寿观赏树种之一。

二、水杉

1. 学名： *Metasequoia glyptostroboides* Hu & W. C. Cheng

2. 科属： 杉科，水杉属

3. 形态特征：

性状 落叶乔木，高可达 40 米。

花朵 雌雄同株，雄球花褐色单生叶腋，雌球花淡褐色，单个或成对散生于枝上；花期 2 月下旬。

果实 球果下垂，近球形，成熟前绿色，熟时深褐色；果成熟期 11 月。

叶片 线形，扁平，柔软，嫩绿色，呈羽状排列，秋季转金黄至红褐色。

株形 树干基部常膨大；树皮灰色、灰褐色或暗灰色；枝斜展，小枝下垂；幼树树冠呈尖塔形，老树树冠呈广圆形。

4. 生长习性： 生长较快，寿命长，病虫害少。喜光，喜温暖气候，具有一定的耐寒性。喜肥沃而排水良好的土壤，酸性、石灰性及轻盐碱土中均可生长；长期积水及过于干旱处生长不良。对二氧化硫有一定的抵抗能力。

5. 绿化应用： "活化石"树种，是秋叶观赏优良树种。在园林中最适于列植，也可丛植、片植。可用于堤岸、湖滨、池畔、庭院等绿化；可成片栽植营造风景林，并适配常绿地被植物；也可栽于建筑物前或用作行道树；还是工矿区绿化的优良树种。

三、枫香

1. **学名**：*Liquidambar formosana* Hance

2. **科属**：金缕梅科，枫香树属

3. **形态特征**：

性状　落叶大乔木，高达 40 米。

花朵　雌雄同株，雄花序短穗状，雌花序头状，花黄褐色；花期 3 ～ 4 月。

果实　头状果序圆球形；果熟期 10 月。

叶片　叶轮廓宽卵形，掌状浅 3 裂，边缘有锯齿，深绿色，径 12 厘米，秋季转橙色、红色和紫色。

株形　树冠呈广卵形或略扁平。

4. **生长习性**：喜温暖湿润气候，喜光。耐干旱瘠薄土壤，不耐水涝，在湿润肥沃而深厚的红黄壤土中生长良好。深根性，主根粗长，抗风力强。对二氧化硫的吸收能力强，对氯气、二氧化硫的抗性较强，并有较强的耐火性。

5. **绿化应用**：树干挺拔，冠幅宽大，入秋叶色红艳，为著名的秋色叶树种，可作庭荫树、行道树等，孤植、数株群植于草坪上、坡地、池畔，或与常绿树种和秋色叶树种配植，如银杏、无患子、水杉等，形成色彩亮丽、层次丰富的秋景。抗性强，可作防护林带、防火林带树种和抗污染树种。

四、红枫

1. **学名**：*Acer palmatum 'Atropurpureum'* (Van Houtte) Schwerim

2. **科属**：槭树科，槭属

3. **形态特征**：

性状　落叶小乔木，高 2～4 米。

花朵　花顶生伞房花序，紫色；花期 4～5 月。

果实　翅果，幼果为紫红色，成熟后变为黄棕色；果期 9～10 月。

叶片　叶掌状，5～7 深裂纹，直径 5～10 厘米，裂片卵状披针形，先端尾状尖，缘有重锯齿。早春发芽时，嫩叶艳红密生白色软毛，叶片舒展后渐脱落，叶色亦由艳丽转淡紫色甚至泛暗绿色。

株形　枝条多细长光滑，偏紫红色；树冠呈展开状。

4. **生长习性**：性喜湿润、温暖的气候和凉爽的环境，较耐阴、耐寒，忌烈日暴晒。对土壤要求不严，适宜在肥沃、富含腐殖质的酸性或中性沙壤土中生长，不耐水涝。

5. **绿化应用**：枝序整齐，层次分明，错落有致，树姿美观；叶形优美，红色鲜艳持久，红叶绿树相映成趣。广泛用于园林绿地及庭院作观赏树，以孤植、散植为主，宜布置在草坪中央、建筑物前后、庭院角隅等地，是一种非常美丽的观叶、观形树种。

五、鸡爪槭

1. 学名： *Acer palmatum* Thunb.

2. 科属： 槭树科，槭属

3. 形态特征：

性状 落叶小乔木或灌木，高 6 ～ 7 米。

花朵 伞房花序，花小，紫红色；花期 5 月。

果实 幼果紫红色，熟后褐黄色；果期 9 月。

叶片 叶纸质，外貌圆形，直径 6 ～ 10 厘米，基部心脏形或近于心脏形，稀截形，掌状 5 ～ 9 分裂，通常 7 裂，裂片长圆卵形或披针形；裂片间的凹缺钝尖或锐尖，深达叶片直径的 $\frac{1}{2}$ 或 $\frac{1}{3}$。

株形 树皮平滑深灰色；小枝紫或淡紫绿色，老枝淡灰紫色，枝细长光滑；树冠呈伞形。

4. 生长习性： 生长速度中等偏慢。弱阳性树种，耐半阴，喜温暖湿润的气候。喜肥沃、湿润而排水良好的土壤，耐寒性强，酸性、中性及石灰质土均能适应。

5. 绿化应用： 树姿婆娑优美，入秋叶色变红，为珍贵的观叶树种。常用不同品种配置于一起，形成色彩斑斓的槭树园；也可在常绿树丛中杂以槭类品种，营造"万绿丛中一点红"的景观；适宜植于草坪、土丘、溪边、池畔或点缀墙隅、亭廊，若以常绿树或白粉墙作为背景，则更添几分姿色，配以山石，则具古雅之趣；还可植于花坛中作主景树，植于园门两侧、建筑物角隅，装点风景。制作盆景或盆栽于室内亦很别致，其变种多为园林中著名树种。

六、紫叶李

1. 学名： *Prunus cerasifera* Ehrh. 'Atropurpurea'

2. 科属： 蔷薇科，李属

3. 形态特征：

性状 落叶小乔木，高可达8米。

花朵 单生叶腋，单瓣，花较小，淡红色渐变白色，叶前开花或与叶同放；花期4月。

果实 核果近球形或椭圆形，黄色、红色或黑色；果期8月。

叶片 卵圆形至长圆形，深紫红色。

株形 多分枝，枝条细长，开展，暗灰色，有时有棘刺；小枝暗红色，无毛；树冠呈圆形或扁圆形。

4. 生长习性： 喜湿润气候，耐寒力不强；喜光，亦稍耐阴。具有一定的抗旱能力；对土壤要求不严，喜肥沃、湿润的中性或酸性土壤，稍耐碱。生长旺盛，萌枝性强。

5. 绿化应用： 嫩叶鲜绿，老叶紫红，与其他树种搭配，红绿相映成趣。在园林、风景区既可孤植、丛植、群植，又可片植，或植成大型彩篱及大型的花坛模纹，又可作为城市道路的二级行道树以及小区绿化的风景树，也适植于草坪、角隅、岔路口、山坡、河畔、石旁、庭院、建筑物前面、大门和广场等处。

七、乌桕

1. 学名： *Sapium sebiferum* (Linn.) Roxb.

2. 科属： 大戟科，乌桕属

3. 形态特征：

性状 落叶乔木，高达 15 米。

花朵 穗状花序顶生，花小，黄绿色；花期 4 ～ 8 月。

果实 蒴果梨状球形，成熟时黑色；果期 10 ～ 11 月。

叶片 互生，纸质，菱形或菱状卵形，全缘，两面均光滑无毛；绿色，秋季转橙黄色或红色。

株形 树皮暗灰色，枝广展；树冠呈圆球形。

4. 生长习性： 喜光，不耐阴；喜温暖环境，不甚耐寒。适生于深厚肥沃、含水丰富的土壤。主根发达，抗风力强，寿命较长。

5. 绿化应用： 树冠整齐，叶形秀丽，秋叶经霜时红艳如火，十分美观，有"乌桕赤于枫，园林二月中"之赞名。若与亭廊、花墙、山石等相配，也甚协调。冬日白色的乌桕子挂满枝头，经久不凋，也颇美观。可孤植、丛植于草坪和湖畔、池边，在园林绿化中可栽作护堤树、庭荫树及行道树。可栽植于道路景观带，也可栽植于广场、公园、庭院中，或成片栽植于景区、森林公园中，能产生良好的造景效果。

八、娜塔栎

1. 学名: *Quercus nuttallii* Plamer

2. 科属: 壳斗科，栎属

3. 形态特征:

性状 落叶乔木，高达 30 米。

花朵 雄性葇荑花序，花黄棕色，下垂；花期 4 月。

果实 球形坚果，棕色；果期 9 ～ 10 月。

叶片 叶椭圆形，顶部有硬齿，正面亮深绿色，背面暗绿色；秋季叶亮红色或红棕色。

株形 树皮灰色或棕色、光滑；主干直，大枝平展略有下垂，塔状树冠。

4. 生长习性: 喜光照，耐极低温。喜排水良好的沙性、酸性或微碱性土，耐瘠薄。萌蘖能力强，耐移栽。抗旱、抗风、抗火灾、抗城市污染能力强。

5. 绿化应用: 主干挺立，树形优美，夏绿荫浓，叶形奇特，秋季色彩鲜艳，观赏价值极高，是优秀的彩叶树和行道树种，亦可于庭院、公园等景点单植或丛栽，与其他绿叶树种搭配造景。

花灌木类

一、山茶

1. 学名：*Camellia* spp.

2. 科属：山茶科，山茶属

3. 形态特征：

性状　常绿灌木或小乔木，高9米。

花朵　花顶生，有单瓣、半重瓣和重瓣，花色有红、粉、白等；花期长，从10月至翌年5月，盛花期1～3月。

果实　蒴果圆球形，直径2.5～3厘米；果熟期9～10月。

叶片　互生，革质，椭圆形，边缘有锯齿，深绿色。

株形　嫩枝无毛；树形可划分为直立型、垂枝型、横张型和丛生型（或矮型）4大类。

4. 生长习性：惧风喜阳，适宜地势高爽、空气流通、温暖湿润、排水良好、疏松肥沃的沙质壤土，黄土或腐殖土。pH5.5～6.5最佳。适温在20～32℃之间。

5. 绿化应用：干美枝青叶秀，花色艳丽多彩，花形秀美多样，花姿优雅多态，气味芬芳袭人，品种繁多，是植物造景材料。四季常绿，分布广泛，可孤植、群植，还可以通过人工整形，供观赏应用，也可制作盆景造型。

二、茶梅

1. 学名：*Camellia sasanqua* Thunb.

2. 科属：山茶科，山茶属

3. 形态特征：

性状　常绿灌木或小乔木，高可达 12 米。

花朵　有单瓣和重瓣，杯状，花色有白、红、粉红以及奇异的变色及红、白镶边等，花芳香；花期长，从 10 月至翌年 4 月。

果实　蒴果球形，宽 1.5～2 厘米；果熟期 9～10 月。

叶片　互生，革质，卵状椭圆形，叶缘有锯齿，表面深绿色，背面稍浅，长 8 厘米。

株形　树皮灰白色；树冠球形或扁圆形。

4. 生长习性：性喜阴湿，以半阴半阳最为适宜。适生于肥沃疏松、排水良好的酸性沙质土壤中。抗性较强，病虫害少。

5. 绿化应用：树形优美，花叶茂盛，可于庭院和草坪中孤植或对植；较低矮的茶梅可与其他花灌木配置花坛、花境，或作配景材料，植于林缘、角落、墙基等处作点缀装饰；适宜修剪，亦可作基础种植及常绿篱垣材料，开花时可为花篱，落花后又可为绿篱。

三、红花檵木

1. 学名： *Loropetalum chinense* var. *rubrum* Yieh

2. 科属： 金缕梅科，檵木属

3. 形态特征：

性状 常绿灌木或小乔木。

花朵 顶主头状或短穗状花序,花瓣带状,似蜘蛛,紫红色；花期长,4～5月开花。

果实 蒴果木质，倒卵圆形；果期8～9月。

叶片 叶革质，互生，卵状椭圆形，红褐色，背面稍带绿色，长2.5～6厘米。

株形 树皮暗灰或浅灰褐色，多分枝，嫩枝红褐色；多为自然式形态，球形形态，造型桩景形态。

4. 生长习性： 喜光，喜温暖，耐寒冷，稍耐阴。适应性强，耐旱，耐瘠薄，但适宜在肥沃、湿润的微酸性土壤中生长。萌芽力和发枝力强，耐修剪。

5. 绿化应用： 枝繁叶茂，姿态优美。耐修剪，耐蟠扎，可用于绿篱，也可用于制作树桩盆景，广泛用于色篱、模纹花坛、灌木球、彩叶小乔木、桩景造型、盆景等城市绿化美化。

四、春鹃

1. 学名： *Rhododendron simsii* Planch. & R.spp.

2. 科属： 杜鹃花科，杜鹃花属

3. 形态特征：

性状 常绿灌木，高 1 ～ 2 米。

花朵 总状花序，花单生或顶生，宽漏斗状，有深红、淡红、玫瑰、紫、白等颜色；花期 4 ～ 5 月。

果实 蒴果卵圆形，有糙伏毛；果熟期 10 月。

叶片 叶互生，长椭圆状卵形，先端尖，表面深绿色，疏生硬毛，背面淡绿色。

株形 枝多，枝细而直，伞形。

4. 生长习性： 喜酸性土壤，喜凉爽、湿润、通风的半阴环境；生长适温为 12 ～ 25℃，夏季要防晒遮阴，冬季应注意保暖防寒，忌烈日暴晒，适宜在光照强度不大的散射光下生长。萌发力强，耐修剪。

5. 绿化应用： 外形秀丽美观，花繁叶茂，园林中最宜在林缘、溪边、池畔及岩石旁成丛成片栽植，也可于疏林下散植。在建筑物背阴面可作花篱、花丛配植。春鹃是当今世界上最著名的花卉之一，是花篱的良好材料，还可修剪、培育成各种形态。

五、夏鹃

1.**学名**: *Rhododendron pulchrum* Sweet

2.**科属**：杜鹃花科，杜鹃花属

3.**形态特征**：

性状　半常绿灌木，高 1.5 ～ 2.5 米。

花朵　伞形花序顶生，花冠宽喇叭状，花型单瓣、重瓣和套瓣，有黄、红、白、紫四色；花期 5 ～ 8 月。

果实　蒴果长圆状卵球形，被刚毛状糙伏毛；果期 9 ～ 10 月。

叶片　叶互生，节间短，稠密，为狭披针形至倒披针形，质厚、色深、多毛，霜后叶片呈暗红色。

株形　株形低矮，树冠丰满，伞形。

4.**生长习性**：喜温暖、半阴、凉爽、湿润、通风的环境；怕烈日、高温。喜疏松、肥沃、富含腐殖质的偏酸性土壤；忌碱性和重黏土；宜排水通畅，忌积水。

5.**绿化应用**：四季绿色，秀丽美观，成片栽植，可增添园林的自然景观效果。宜群植于湿润而有庇荫的林下、岩际，园林中宜配植于树丛、林下、溪边、池畔及草坪边缘。在建筑物背阴面可作花篱、花丛配植。一些种类可制作盆景。

六、小叶栀子

1. **学名：** *Gardenia jasminoides* Ellis var. *radicans*（Thunb.）Makino

2. **科属：** 茜草科，栀子属

3. **形态特征：**

性状 常绿灌木。

花朵 有短梗，单生枝顶，花大色白，极芳香，花萼裂片倒卵形至倒披针形，花6瓣，有重瓣品种；花期较长，从5～6月连续开花至8月。

果实 浆果卵形，黄色或橙色；果熟期10月。

叶片 单叶对生或三叶轮生，叶片倒卵形，革质，翠绿有光泽。

株形 植株低矮，出枝点多，老枝灰褐色，嫩枝绿色。

4. **生长习性：** 喜温暖湿润，不耐寒；好阳光，但又要避免阳光强烈直射，耐半阴；喜空气温度高而又通风良好的环境。怕积水，要求疏松、肥沃、排水良好的酸性土壤，是典型的酸性土壤植物。对二氧化硫有抗性，并可吸硫净化大气。

5. **绿化应用：** 花枝叶繁茂，四季常绿，芳香素雅，格外清丽可爱。适用于阶前、池畔和路旁配置，也可用作花篱和盆栽观赏，为园林中优良的美化材料。

七、大花栀子

1. 学名： *Gardenia jasminoides* Ellis f. *grandiflora*（Lour.）Makino

2. 科属： 茜草科，栀子属

3. 形态特征：

性状 常绿灌木。

花朵 花大，单生于枝端或叶腋，花白色，极芳香；花期 5～7 月。

叶片 叶对生或三叶轮生，长圆状披针形或卵状披针形，全缘，革质，翠绿有光泽。

株形 枝绿色，幼枝具垢状毛。

4. 生长习性： 喜湿润、温暖、光照充足且通风良好的环境，但忌强光暴晒；萌蘖力、萌芽力均强，耐修剪更新。

5. 绿化应用： 叶色亮绿，四季常青，花大洁白，芳香馥郁，是园林绿化中良好的美化和香化品种，广泛用于城市园林和道路中。可成片丛植或配置于林缘、庭前、庭隅、路旁，极适宜植作花篱，作阳台绿化、盆花、切花或盆景都十分适宜，也可用于街道和厂矿绿化。

八、含笑花

1. **学名**: *Michelia figo* (Lour.) Spreng.

2. **科属**: 木兰科，含笑属

3. **形态特征**:

性状 常绿灌木，高 2 ～ 3 米。

花朵 单生叶腋，杯状，乳黄或乳白色，花瓣肉质，边缘带紫晕，具浓烈的香蕉香气；花期 4 ～ 6 月。

果实 聚合果长 2 ～ 3.5 厘米；蓇葖卵圆形或球形；果期 7 ～ 8 月。

叶片 叶较小，椭圆状倒卵形，革质，全缘，表面绿色，背面淡绿色，长 5 ～ 10 厘米。

株形 小树皮灰褐色，分枝繁密，由紧密的分枝组成圆形树冠。

4. **生长习性**: 暖地木本花灌木，不甚耐寒；性喜半阴，忌强烈阳光直射。不耐干燥瘠薄，要求排水良好、肥沃的微酸性壤土。

5. **绿化应用**: 枝密叶茂，四季常青，亦是著名芳香花木。适于在小游园、花园、公园或街道上成丛种植或修剪成球形，可配植于草坪边缘或稀疏林丛之下，使游人在休息之中常得芳香气味的享受。

九、金丝桃

1. 学名：*Hypericum monogynum* L.

2. 科属：藤黄科，金丝桃属

3. 形态特征：

性状 半常绿灌木，高 0.5 ～ 1.3 米。

花朵 顶生，单生或成聚伞花序，花金黄色，其呈束状纤细的雄蕊花丝灿若金丝；花期 5 ～ 8 月。

果实 蒴果宽卵珠形或稀为卵珠状圆锥形至近球形；果期 8 ～ 9 月。

叶片 对生，长椭圆形，全缘，中绿色，长 4 ～ 9 厘米。

株形 树皮灰褐色，全株光滑无毛；小枝对生，红褐色；枝叶密生，树冠圆头形。

4. 生长习性：喜温暖湿润气候，喜光，略耐阴，耐寒。对土壤要求不严，在一般的土壤中均能较好地生长。

5. 绿化应用：花冠如桃花，雄蕊金黄色，细长如金丝，绚丽可爱。将它配植于玉兰、桃花、海棠、丁香等春花树下，可延长景观；若种植于假山旁边，则柔条袅娜，丫枝旁出，别有奇趣。常作花径两侧的丛植，花开时一片金黄，鲜明夺目，妍丽异常。植于庭院假山旁及路旁或点缀于草坪，长江以南冬夏常青，是南方庭院中常见的观赏花木。

十、云南黄素馨

1. 学名: *Jasminum mesnyi* Hance

2. 科属: 素馨亚科, 素馨属

3. 形态特征:

性状 常绿直立亚灌木, 高 0.5 ~ 5 米。

花朵 单生, 较大, 淡黄色, 花瓣较花筒长, 近于复瓣, 有清香; 花期 11 月至翌年 8 月。

果实 果椭圆形; 果期 3 ~ 5 月。

叶片 对生, 小叶 3 枚, 长椭圆形, 顶端 1 枚较大, 深绿色, 长 3 ~ 7 厘米。

株形 枝细长而下垂, 茎四棱形, 具浅枝。

4. 生长习性: 生性粗放, 适应性强, 易于栽培。喜温暖湿润和充足阳光, 稍耐阴。怕严寒和积水, 以排水良好、肥沃的酸性沙壤土最好。

5. 绿化应用: 花明黄色, 早春盛开, 条长而柔软, 或下垂或攀缘, 可于堤岸、台地、阶前边缘和道路高架花盆中栽植, 特别适用于宾馆、大厦顶棚布置, 也可盆栽观赏。

十一、大花六道木

1. 学名： *Abelia × grandiflora* (André) Rehd.

2. 科属： 忍冬科，六道木属

3. 形态特征：

性状 常绿矮生灌木。

花朵 圆锥花序，花粉白色，钟形，有香味，花小，花形优美，似漏斗；开花繁茂，花期特长，5 ～ 11 月持续开花。

叶片 叶片倒卵形，墨绿或金黄色，有光泽，长 2 ～ 4 厘米。

株形 枝条柔顺下垂，树姿婆娑。

4. 生长习性： 阳性植物，性喜温暖湿润气候，能耐阴、耐寒，能耐 –10℃低温。在中性偏酸、肥沃、疏松的土壤中生长快速，同时其抗性优良，耐干旱瘠薄，抗短期洪涝，耐强盐碱。

5. 绿化应用： 适宜丛植、片植于空旷地块、水边或建筑物旁。由于萌发力强、耐修剪，可修成规则球状列植于道路两旁，或做花篱，也可自然栽种于岩石缝中、林中树下。开花量大，花期长，清香宜人，并具有杀菌的独特功用，是典型的优良花灌木树种之一。

十二、绣线菊

1. 学名： *Spiraea* spp.

2. 科属： 蔷薇科，绣线菊属

3. 形态特征：

性状 直立灌木，高 1 ～ 2 米。

花朵 长圆形或金字塔形的圆锥花序，花直径 5 ～ 7 毫米，花瓣卵形，白色、粉红色或红色；花期 6 ～ 8 月。

果实 蓇葖果，直立开张，无毛；果期 8 ～ 9 月。

叶片 叶片长圆披针形至披针形，基部楔形，边缘密生锐锯齿，有时为重锯齿，两面无毛。

株形 枝条密集，小枝稍有棱角，黄褐色。

4. 生长习性： 喜光也稍耐阴，喜温暖湿润的气候和深厚肥沃的土壤。

5. 绿化应用： 枝叶纤细，花期长，夏季盛开时枝条全部为细密的花朵所覆盖，形成一条条拱形的花带，宛如积雪。可在花坛、花境、草坪等处丛植、孤植或列植。绣线菊是良好的园林观赏植物和蜜源植物，也是理想的植篱材料和观花灌木。

十三、结香

1. **学名**：*Edgeworthia chrysantha* Lindl.

2. **科属**：瑞香科，结香属

3. **形态特征**：

性状　落叶灌木，高 1 ～ 2 米。

花朵　黄色，花被筒状外，外密被银白色毛，有浓香，常 40 ～ 50 朵集成下垂的假头状花序；花期冬末春初。

果实　椭圆形，绿色，长约 8 毫米；果期春夏间。

叶片　互生，长椭圆形，常簇生枝顶，全缘，深绿色，长 15 厘米。

株形　枝粗壮而柔软，树冠球形。

4. **生长习性**：喜半阴也耐日晒，喜温暖并耐寒，是暖温带植物。根肉质，忌积水，宜排水良好的肥沃土壤。

5. **绿化应用**：姿态优雅，柔枝可打结，常整成各种形状，十分惹人喜爱，适植于庭前、路旁、水边、石间、墙隅。枝叶美丽，宜栽在庭园，也可盆栽观赏。

十四、月季类

1. 学名：*Rosa* spp.

2. 科属：蔷薇科，蔷薇属

3. 形态特征：

性状 落叶灌木。

花朵 花单生或数朵簇生，排成伞房花序，重瓣，有粉红、红、黄、橙、蓝、和白等色，微香；自然花期4～9月。

果实 果卵球形或梨形，长1～2厘米，红色；果期6～11月。

叶片 互生，奇数羽状复叶，小叶3～5枚，深绿色。

株形 小枝有粗壮而略带钩状的皮刺，矮小直立。

4. 生长习性：对气候、土壤的要求虽不严格，但以疏松、肥沃、富含有机质、微酸性、排水良好的壤土较为适宜；性喜温暖、日照充足、空气流通的环境。

5. 绿化应用：月季花是春季主要的观赏花卉，其花期长，观赏价值高，可用于园林布置花坛、花境、庭院花材，可制作月季盆景，作切花、花篮、花束等。月季因其攀缘生长的特性，能用于垂直绿化，构成赏心悦目的廊道和花柱；各种拱形、网格形、框架式架子供月季攀附，再经过适当的修剪整形，可装饰建筑物，成为联系建筑物与园林的巧妙"纽带"。

十五、马缨丹

1. 学名：*Lantana camara* L.

2. 科属：马鞭草科，马缨丹属

3. 形态特征：

性状 常绿灌木，高 1～2 米。

花朵 头状花序，稠密，花色多变化，由白色至黄色和由橙粉色至红色或紫色；全年开花。

果实 果圆球形，直径约 4 毫米，成熟时紫黑色。

叶片 对生，卵形，边缘有小锯齿，深绿色，具有臭味，长 5～10 厘米。

株形 直立或蔓性，有时藤状。

4. 生长习性：性喜温暖、湿润、向阳之地，稍耐阴，不耐寒。耐干旱，对土质要求不严，以肥沃、疏松的沙质土壤为佳。生性强健，在热带地区全年可生长，冬季不休眠。

5. 绿化应用：为叶花两用观赏植物，花期长，全年均能开花，最适期为春末至秋季。花虽较小，但多数积聚在一起，似彩色小绒球点缀在绿叶之中，且花色美丽多彩，每朵花从花蕾期到花谢期可变换多种颜色，故又有五色梅、七变花之称。既可集中成片种植在街道、花园、庭院、花坛、墙边、路边、菜地、果园周围用作绿篱，也可单独种植于花钵、大盆内作为优美别致的盆栽花，用于布置装饰和美化厅堂、会场、房室或点缀花坛、假山、石隙、屋角、院落等环境。

十六、绣球

1. 学名：*Hydrangea macrophylla* (Thunb.) Ser.

2. 科属：虎耳草科，绣球属

3. 形态特征：

性状 落叶灌木，高 1～4 米。

花朵 伞房状聚伞花序，近球形，顶生，花瓣长圆形，花色多变，初时白色，渐变蓝色或粉红色；花期 6～8 月。

果实 蒴果，长陀螺状；果期 7～9 月。

叶片 叶纸质或近革质，对生，倒卵形，边缘有粗锯齿，表面鲜绿色，背面黄绿色，长 20 厘米。

株形 茎常于基部发出多数放射枝而形成一圆形灌丛。

4. 生长习性：喜温暖、湿润和半阴环境；为短日照植物，平时栽培要避开烈日照射。盆土要保持湿润，但浇水不宜过多；土壤以疏松、肥沃和排水良好的沙质壤土为好。

5. 绿化应用：绣球花大色美，是长江流域著名观赏植物。园林中可配置于稀疏的树荫下及林荫道旁，片植于阴向山坡。因对阳光要求不高，故最适宜栽植于光照较差的小面积庭院中。建筑物入口处对植两株、沿建筑物列植一排、丛植于庭院一角，都很理想。更适于植为花篱、花境。如将整个花球剪下，瓶插室内，也是上等点缀品。

十七、南天竹

1. 学名：*Nandina domestica* Thunb.

2. 科属：小檗科，南天竹属

3. 形态特征：

性状　常绿小灌木，高 1～3 米。

花朵　圆锥花序顶生，花小，星状，白色；花期 3～6 月。

果实　浆果球形，直径 5～8 毫米，熟时鲜红色，稀橙红色；果期 5～11 月。

叶片　互生，2～3 回羽状复叶，小叶革质，椭圆状披针形，全缘，深绿色，冬季为红色至淡紫红色，长 70～90 厘米。

株形　直立，丛生少分枝，幼枝常为红色，老后呈灰色；植株优美，果实鲜艳。

4. 生长习性：性喜温暖及湿润的环境，比较耐阴，也耐寒。对环境的适应性强，既能耐湿也能耐旱，适宜在湿润肥沃、排水良好的沙壤土中生长。比较喜肥，可多施磷、钾肥；容易养护。

5. 绿化应用：树干丛生，枝叶扶疏，清秀挺拔，秋冬时叶色变红，且红果累累，经久不落，为赏叶观果的优良树种。可孤植于山石旁、庭屋前或墙角阴处，也可丛植于林缘阴处与树下。广泛应用于现代园林和古典园林中，是我国南方常见的木本花卉种类。

十八、连翘

1. 学名: *Forsythia suspensa* (Thunb.) Vahl

2. 科属: 木樨科，连翘属

3. 形态特征:

性状 落叶灌木，外形呈灌木或类乔木状。

花朵 单生或 2 至数朵着生于叶腋，花萼绿色，裂片呈长圆形；花期 3～4 月。

果实 卵球形、卵状椭圆形或长椭圆形；果期 7～9 月。

叶片 通常为单叶，叶片呈卵形或椭圆形，先端锐尖，叶缘上面呈深绿色，下面为淡黄绿色。

株形 枝开展或下垂，棕色、棕褐色或淡黄褐色，小枝土黄色或灰褐色，略呈四棱形，疏生皮孔。

4. 生长习性: 喜光，有一定程度的耐阴性；喜温暖、湿润气候，也很耐寒。耐干旱瘠薄，怕涝；不择土壤，在中性、微酸或碱性土壤中均能正常生长。

5. 绿化应用: 树姿优美，生长旺盛。早春先叶开花，且花期长、花量多，盛开时满枝金黄，芬芳四溢，令人赏心悦目，是早春优良观花灌木。可以做成花篱、花丛、花坛等，在绿化美化城市方面应用广泛，是观光农业和现代园林难得的优良树种。

造型类

一、日本五针松

1. 学名： *Pinus parviflora* Siebold & Zucc.

2. 科属： 松科，松属

3. 形态特征：

性状 常绿乔木，原产地树高达 30 米，引入我国常呈灌木状小乔木，高 2 ～ 5 米。

花朵 雄球花卵球形至长圆形，红褐色；花期 5 月。

果实 球果卵圆形或卵状椭圆形；果成熟期翌年 10 ～ 11 月。

叶片 细短，5 针 1 束，细而短，微弯，簇生于枝端，蓝绿色，具白色气孔线，长 2 ～ 6 厘米。

株形 枝平展，树冠呈圆锥形。

4. 生长习性： 阳性树；喜生于土壤深厚、排水良好、适当湿润之处，在阴湿之处生长不良。生长速度缓慢，不耐移植，耐整形。

5. 绿化应用： 姿态苍劲秀丽，松叶葱郁纤秀，富有诗情画意，集松类树种气、骨、色、神之大成，是名贵的观赏树种。孤植配奇峰怪石，整形后在公园、庭院、宾馆作点景树，适宜与各种古典或现代的建筑配植。可列植于园路两侧作园路树，亦可在园路转角处两三株丛植。最宜与假山石配植成景，或配以牡丹，或配以杜鹃，或以梅为侣，或以红枫为伴。

二、罗汉松

1. 学名：*Podocarpus macrophyllus* (Thunb.) D. Don

2. 科属：罗汉松科，罗汉松属

3. 形态特征：

性状　常绿针叶乔木。

花朵　雄球花，穗状，常 3 ～ 6 朵簇生于叶腋，绿色；雌球花黄色，单生；花期 4 ～ 5 月。

果实　果熟期 8 ～ 9 月。

叶片　条状披针形，螺旋状互生，叶端尖，表面深绿色有光泽，背面黄绿色，长 6 ～ 10 厘米。

株形　树皮灰色，枝条较短而横斜密生；树冠呈广卵形。

4. 生长习性：半阴性树，喜温暖、湿润和半阴环境，耐寒性较差，怕水涝和强光直射，喜疏松肥沃、排水良好的沙质壤土。抗病虫害能力较强。对多种有毒气体抗性较强。寿命很长。

5. 绿化应用：常应用于独赏树、室内盆栽、花坛花卉。树形古雅，种子与种柄组合奇特，惹人喜爱，南方寺庙、宅院多有种植。门前对植，中庭孤植，或于墙垣一隅与假山、湖石相配。斑叶罗汉松可作花台栽植，亦可布置花坛或盆栽陈于室内欣赏。小叶罗汉松还可作为庭院绿篱栽植。

三、龙柏

1. 学名： *Sabina chinensis* 'kaizuca'

2. 科属： 柏科，刺柏属

3. 形态特征：

性状 常绿小乔木，可达 4 ～ 8 米。

花朵 雌雄异株，雄花黄色；花期 3 月至 4 月下旬。

果实 球果近圆球形，两年成熟，熟时暗褐色；果熟期翌年 9 ～ 10 月。

叶片 多为鳞状叶，沿枝条紧密排列成十字对生，深绿色。

株形 树皮呈深灰色；树冠呈狭圆柱形。

4. 生长习性： 喜阳，稍耐阴。喜温暖、湿润的环境，抗寒。抗干旱，忌积水。对土壤酸碱度适应性强，较耐盐碱。对二氧化硫和氯气抗性强，但对烟尘的抗性较差。

5. 绿化应用： 树形优美，枝叶碧绿青翠，是公园篱笆绿化的首选苗木，多被种植于庭园作美化用途。可应用于公园、庭园、绿墙和高速公路中央隔离带。龙柏移栽成活率高，恢复速度快，是园林绿化中使用率较高的树种，其本身青翠油亮，生长健康旺盛，观赏价值高。

四、红叶石楠

1. 学名： *Photinia × fraseri* Dress

2. 科属： 蔷薇科，石楠属

3. 形态特征：

性状 常绿灌木或小乔木，灌木高 1.5 ～ 2 米，乔木高 6 ～ 15 米。

花朵 顶生复伞房花序，多而密，白色，直径 1 ～ 1.2 厘米；花期 5 ～ 7 月。

果实 黄红色梨果，直径 7 ～ 10 毫米；果期 9 ～ 10 月。

叶片 革质，长椭圆形至倒卵状披针形，下部叶绿色或带紫色，上部嫩叶鲜红色或紫红色。

株形 茎直立，下部绿色，茎上部紫色或红色，多有分枝；自然形状呈球形。

4. 生长习性： 生长速度快，且萌芽性强、耐修剪、易移植。喜温暖潮湿，在直射光照下色彩更为鲜艳；对气候以及气温的要求比较宽松，能够抵抗低温的环境。有极强的抗阴能力、抗干旱能力和抗盐碱性，但不抗水湿；喜沙质土壤，耐瘠薄，适合微酸性的土质。

5. 绿化应用： 叶片红艳亮丽，为园林重要的彩叶树种。可修剪成矮小灌木，在园林绿地中作为地被植物片植，或与其他色叶植物组合成各种图案，红叶时期，色彩对比非常显著。可培育成独干不明显、丛生形的小乔木，群植成大型绿篱或幕墙，在居住区、厂区绿地、街道或公路绿化隔离带应用。还可培育成独干、球形树冠的乔木，在绿地中孤植，或作行道树，或盆栽后在门廊及室内布置。

五、火棘

1. **学名**：*Pyracantha fortuneana*（Maxim.）Li

2. **科属**：蔷薇科，火棘属

3. **形态特征**：

性状 常绿灌木，高达 3 米。

花朵 花序是复伞房状，花瓣呈白色近圆形，花直径约 1 厘米；花期 3 ～ 5 月。

果实 果球近圆形，橘红或深红色，直径约 5 毫米；果期 8 ～ 11 月。

叶片 叶片呈倒卵形，边缘有钝锯齿，深绿色；叶柄短，无毛或嫩时有柔毛。

株形 枝侧枝短，先端成刺状；拱形下垂；树冠呈倒卵状长椭圆形；老枝呈暗褐色。

4. **生态习性**：喜强光，不耐寒。耐贫瘠，抗干旱；对土壤要求不严，而以排水良好、湿润、疏松的中性或微酸性壤土为好。

5. **应用**：因其适应性强，耐修剪，喜萌发，作绿篱具有优势。适合栽植于护坡之上，作为球形布置，或错落有致地栽植于草坪之上，点缀于庭园深处；火棘球规则式地布置在道路两旁或中间绿化带，能起到绿化的作用。火棘还可用于风景林地的配植，可以体现自然野趣。

六、金森女贞

1. 学名： *Ligustrum japonicum* Thunb. 'Howardii'

2. 科属： 木樨科，女贞属

3. 形态特征：

性状　常绿灌木，植株高 1.2 米以下。

花朵　圆锥状花序，白色；花期 6 ～ 7 月。

果实　椭圆形，呈紫色；果熟期 10 ～ 11 月。

叶片　叶对生，单叶卵形，革质，厚实，有肉感；春季新叶鲜黄色，冬季转成金黄色，色彩悦目。

株形　节间短，枝叶稠密，株形紧凑。

4. 生长习性： 喜光，稍耐阴；耐热性强，35℃以上高温不会影响其生态特性和观赏特性；耐寒性强。耐旱，对土壤要求不严。生长迅速。对病虫害、火灾、煤烟、风雪等有较强的抗性。

5. 绿化应用： 长势强健，萌发力强；叶片宽大，叶片质感良好，株形紧凑，是非常好的自然式绿篱材料，在欧美和日本尤其受人们欢迎。可作界定空间、遮挡视线的园林外围绿篱，也可植于墙边、林缘等半阴处，遮挡建筑基础，丰富林缘景观的层次。可与红叶石楠搭配，营造出出人意料的效果。

七、金禾女贞

1. **学名**：*Ligustrum japonicum* Thunb. 'Aureo-marginatus'

2. **科属**：木樨科，女贞属

3. **形态特征**：

性状　半常绿小灌木，株高 2～3 米。

花朵　圆锥花序顶生，花白色；花期 4～5 月。

叶片　单叶对生，椭圆形或卵状椭圆形，全缘；新叶金黄色，老叶黄绿色至绿色，树冠上下层叶色有差异。

株形　枝叶紧密、圆整；直立性强，冠型紧凑。

4. **生长习性**：喜光，不耐阴，不耐严寒。对土壤要求不严，耐干旱。能吸收二氧化硫、氯气、氟化氢、氯化氢等多种有毒气体。

5. **绿化应用**：生长强健，萌枝力强，叶再生能力强，耐强修剪。园林应用前景有色块、矮篱、高篱、球形、柱形、动物造型等多种产品应用形态。其枝叶紧密、圆整，可用于庭院栽植观赏。病虫害较少，能减少噪音，可在大气污染严重地区栽植，是优良的抗污染树种。能和红叶石楠形成一红一黄的搭配效果。

八、金叶女贞

1. 学名：*Ligustrum × vicaryi* Rehder

2. 科属：木樨科，女贞属

3. 形态特征：

性状　半常绿小灌木。

花朵　圆锥花序，花小，白色，有香气；花期 5 ～ 6 月。

果实　核果椭圆形，黑紫色；果期 10 月。

叶片　较大叶女贞稍小，单叶对生，宽椭圆形，叶色金黄，尤其在春秋两季色泽更加璀璨亮丽。

株形　枝灰褐色，可修剪成球形和绿篱。

4. 生长习性：性喜光，稍耐阴，耐寒能力较强，不耐高温高湿。适应性强，对土壤要求不严。抗病力强，很少有病虫危害。

5. 绿化应用：在生长季节叶色呈鲜丽的金黄色，可与红叶的紫叶小檗、红花檵木、绿叶的龙柏、黄杨等组成灌木状色块，形成强烈的色彩对比，具有极佳的观赏效果。也可修剪成球形，点缀在地被色块中。由于其叶色为金黄色，所以大量应用在园林绿化中，主要用来组成图案和建造绿篱。

九、金边黄杨

1.**学名**：*Euonymus japonicus* Thunb. 'Aurea-marginatus'

2.**科属**：卫矛科，卫矛属

3.**形态特征**：

性状　常绿灌木或小乔木，高可达 3 ～ 5 米。

花朵　白绿色，花瓣近卵圆形；花期 3 ～ 6 月。

果实　蒴果扁球形，粉绿色；果期 6 ～ 9 月。

叶片　叶革质，有光泽，倒卵形或椭圆形，边缘具有浅细钝齿，有较宽的黄色边缘。

株形　老干褐色，小枝略为四棱形，枝叶密生，侧枝对生，光滑无毛。自然树冠呈球形。

4.**生长习性**：喜光，稍耐阴，耐寒冷。适应性强，耐旱，耐瘠薄，适宜在肥沃、湿润的微酸性土壤中生长。萌芽力和发枝力强，耐修剪。能有效对抗二氧化硫。

5.**绿化应用**：叶片嫩绿洁净，清丽幽雅，是较为理想的绿篱和盆景材料，常用于门庭和中心花坛布置，也可作盆栽观赏，是较好的园林绿化彩色观叶灌木。金边黄杨具有非常好的抗污染性，是严重污染工矿区首选的常绿植物。

十、小叶黄杨

1. 学名： *Buxus sinica* (Rehd. et Wils.) var. *parvifolia* M. Cheng

2. 科属： 黄杨科，黄杨属

3. 形态特征：

性状　常绿灌木或小乔木，树高 0.5 ～ 1 米。

花朵　头状花序，腋生，密集，淡黄绿色；花期 3 月。

果实　蒴果近球形；果期 5 ～ 6 月。

叶片　对生，薄革质，全缘，阔椭圆形或阔卵形，表面亮绿色。

株形　树干灰白光洁；生长低矮，枝条密集。

4. 生长习性： 耐寒。性喜肥沃湿润的土壤，耐盐碱，忌酸性土壤。抗逆性强，抗污染，能吸收空气中的二氧化硫等有毒气体，有抗病虫害等许多特性。

5. 绿化应用： 枝叶茂密，叶光亮常青，是运用颇为广泛的常绿和观叶树种，可用于打造绿篱，搭配山石营造园林内部景观。对大气有净化作用，可以种植在道路两侧，特别适合在车流量较高的公路旁栽植绿化。

十一、枸骨

1. 学名： *Ilex cornuta* Lindl. et Paxt.

2. 科属： 冬青科，冬青属

3. 形态特征：

性状 常绿灌木或小乔木，高 0.6 ～ 3 米。

花朵 雌雄异株，聚伞花序，花黄绿色；花期 4 ～ 5 月。

果实 球形，直径 7 ～ 8 毫米，成熟时鲜红色；果期 10 ～ 12 月。

叶片 硬革质，四角状长圆形或卵形，有刺齿，表面深绿色，背面淡绿色，长 5 ～ 8 厘米。

株形 树皮光滑灰白色，小枝有棱角，枝叶稠密。

4. 生长习性： 喜光，稍耐阴，喜温暖气候。喜肥沃、湿润而排水良好的微酸性土壤。对有害气体有较强的抗性。生长缓慢，萌蘖力强，耐修剪。

5. 绿化应用： 叶形奇特，四季常青，入秋后红果满枝，经冬不凋，十分绚烂夺目，是优良的观果树种。可孤植于花坛中心或配假山石，丛植于草坪或道路转角处，或在建筑的门庭两旁或路口对植。也是很好的绿篱材料，可植于花园、道路两旁或草地边缘，兼有防护与观赏效果。可盆栽作室内装饰，老桩做盆景，既可观赏自然树形也可修剪造型，叶、果枝可插花。

十二、无刺枸骨

1. 学名：*Ilex cornuta* Lindl. var. *fortunei* S.Y.Hu

2. 科属：冬青科，冬青属

3. 形态特征：

性状 常绿灌木或小乔木。

花朵 伞形花序，黄绿色小花；花期 4～5 月。

果实 果球形，直径约 0.7 厘米，大小一样；初为绿色，入秋成熟转红，满枝累累；果期 10～12 月。

叶片 叶互生，硬革质，椭圆形，全缘，叶尖为骤尖，叶面绿色有光泽。

株形 无主干，基部以上开叉分枝；树冠圆整。

4. 生长习性：喜光，喜温暖，耐低温。喜湿润和排水良好的酸性和微碱性土壤。有较强抗性，适应性强，耐修剪，最适宜于长江流域生长。

5. 绿化应用：树种枝繁叶茂，叶形奇特，浓绿有光泽；果经冬不凋，艳丽可爱。经修枝整形可制作成大树形、球形及树状盆景，是良好的观果、观叶、观形树种，适宜在公园、居住区、道路、花园、游园、广场等处点缀栽培。

十三、海桐

1. **学名**：*Pittosporum tobira*（Thunb.）Ait.

2. **科属**：海桐科，海桐属

3. **形态特征**：

性状　常绿灌木或小乔木，高 2 ～ 6 米。

花朵　顶生伞房花序，花钟状，白色或淡黄绿色，具香气；花期 3 ～ 5 月。

果实　蒴果圆球形，有棱或呈三角形，直径 12 毫米；果熟期 9 ～ 10 月。

叶片　聚生于枝端，互生，革质，狭倒卵形，先端圆，光洁浓密，深绿色，长 3 ～ 10 厘米。

株形　枝条近轮生，树冠呈圆球形。

4. **生长习性**：对气候的适应性较强，能耐寒冷，亦颇耐暑热，以半阴地生长最佳。喜肥沃湿润的土壤，在干旱贫瘠地生长不良，耐水湿。萌芽力强，耐修剪。

5. **绿化应用**：枝叶繁茂，树冠球形，下枝覆地。初夏花朵清丽芳香，入秋果实开裂露出红色种子，也颇为美观。通常可作绿篱栽植，也可孤植、丛植于草丛边缘、林缘或门旁，或列植在路边。在气候温暖的地方，海桐是理想的花坛造景树和造园绿化树种。

十四、金边胡颓子

1. 学名：*Elaeagnus pungens* Thunb. 'Aurea'

2. 科属：胡颓子科，胡颓子属

3. 形态特征：

性状　常绿灌木，高 1 ~ 2 米。

花朵　花着生在叶腋间，银白色，下垂；花期 9 ~ 11 月。

果实　椭圆形，果熟后呈红色，形美艳；果熟期翌年 5 月。

叶片　互生，革质有光泽，椭圆形至长圆形，顶端短尖，深绿色边缘有一圈金边。

株形　有棘刺，枝叶稠密；树冠呈圆形开展。

4. 生长习性：喜湿润和阳光充足的环境，耐寒性强，耐高温酷暑和强光曝晒，又耐阴；生长适温为 20 ~ 25℃。耐干旱，怕水涝，宜肥沃、疏松和排水良好的沙质壤土。

5. 绿化应用：花吐芬芳，果色迷人，枝条交错，叶背银色，叶面深绿色，叶边缘镶嵌黄斑，异常美观。规则式园林中列植成篱或修成绿墙及花坛模纹，有较强的层次感和新鲜感；庭院配植、盆景盆栽点缀，别致有趣。宜配植于林缘、道旁，常修剪成球形或片植；由于其对有害气体有抗性，还适于工矿厂区绿化。

十五、八角金盘

1. 学名： *Fatsia japonica* (Thunb.) Decne. et Planch.

2. 科属： 五加科，八角金盘属

3. 形态特征：

性状 常绿灌木或小乔木，高达 5 米。

花朵 圆锥花序顶生，花瓣 5，卵状三角形，黄白色；花期 10 ～ 11 月。

果实 近球形，直径 5 毫米，熟时黑色；果熟期翌年 4 月。

叶片 叶柄长 10 ～ 30 厘米，叶片大，革质，掌状，上表面亮绿色，下面色较浅，边缘有时呈金黄色。

株形 茎光滑无刺，树冠展开。

4. 生长习性： 喜温暖湿润的气候，耐阴，有一定耐寒力。宜种植在排水良好和湿润的沙质壤土中，不耐干旱。能吸收空气中的二氧化碳等气体，净化空气；对二氧化硫抗性较强。

5. 绿化应用： 四季常青，叶片硕大，叶形优美，浓绿光亮，是优良的、深受欢迎的观叶植物。适宜配植于庭院、门旁、窗边、墙隅及建筑物背阴处，也可点缀在溪流滴水之旁，还可成片群植于草坪边缘及林地，也适于厂矿区、街坊种植。适应室内弱光环境，可作为室内花坛的衬底，为宾馆、饭店、写字楼和家庭美化常用的植物材料。叶片又是插花的良好配材。

十六、珊瑚树

1.学名：*Viburnum odoratissimum* Ker.–Gawl.

2.科属：忍冬科，荚蒾属

3.形态特征：

性状　常绿灌木或小乔木，高达 10 米。

花朵　圆锥状伞房花序顶生，白色钟状小花，芳香；花期 5～6 月。

果实　椭圆形，初为橙红，之后红色渐变紫黑色，形似珊瑚；果熟期 9～10 月。

叶片　对生，倒卵状矩圆形至矩圆形，长 20 厘米，边缘常有较规则的波状浅钝锯齿，表面暗绿色，常年苍翠欲滴。

株形　树皮灰褐色，枝干挺直；树冠呈倒卵形。

4.生长习性：喜温暖、稍耐寒，喜光、稍耐阴。在潮湿、肥沃的中性土壤中生长迅速、旺盛，也能适应酸性或微碱性土壤。根系发达、萌芽性强，耐修剪。对有毒气体抗性强。

5.绿化应用：枝繁叶茂，遮蔽效果好，红果形如珊瑚，绚丽可爱，是一种很理想的园林绿化树种。在规则式庭园中常整修为绿墙、绿门、绿廊，在自然式园林中多孤植、丛植装饰墙角，用于隐蔽遮挡。沿园界墙遍植，以其自然生态体形代替装饰砖石、土等构筑起来的呆滞背景，可产生"园墙隐约于萝间"的效果，不但在观赏上显得自然活泼，而且增强了园林的空间感。此外，有较强的抗毒气功能，广泛种植于工矿厂区中。

十七、花叶青木

1. **学名**：*Aucuba japonica* var. 'variegata' Dombrain

2. **科属**：丝缨花科，桃叶珊瑚属

3. **形态特征**：

性状　常绿灌木，植株常高 1 ～ 1.5 米。

花朵　花瓣紫红色或暗紫色，圆锥花序顶生；花期 3 ～ 4 月。

果实　果卵圆形，成熟时暗紫色或黑色；果期至翌年 4 月。

枝叶　枝、叶对生；叶革质，叶片卵状椭圆形或长圆状椭圆形，叶面光亮；叶片上面亮绿色，下面淡绿色，叶片有大小不等的黄色或淡黄色斑点；叶柄腹部具沟，无毛。

4. **生长习性**：喜温暖湿润环境，耐阴不耐寒。适宜肥沃、排水良好的土壤。

5. **绿化应用**：作地被和观赏绿篱，或配山石，庭院中点缀数株，四季均可观赏。叶果俱美，是优良的观赏植物，可植于庭院或室内盆栽，其枝叶还可用于插花。其对烟尘和大气污染的抵抗性较强，也是重要的厂区绿化品种。

十八、狭叶十大功劳

1. 学名： *Mahonia fortunei* (Lindl.) Fedde

2. 科属： 小檗科，十大功劳属

3. 形态特征：

性状 常绿灌木，高 0.5～2 米。

花朵 花朵较小，呈多边形，黄色，花瓣对称分布，表面有绒毛；花期 7～9 月。

果实 呈圆形，褐色，果皮上有毛刺；果期 9～11 月。

叶片 较大且较多，叶倒卵形至倒卵状披针形，长 10～28 厘米，宽 8～18 厘米，具 2～5 对小叶；绿色，表面光滑无毛，叶柄较长。

4. 生长习性： 喜温暖湿润的气候，具有较强的抗寒能力，耐阴、忌烈日曝晒。较抗干旱；喜排水良好的酸性腐殖土，极不耐碱，怕水涝；对土壤要求不严，在疏松肥沃、排水良好的沙质壤土中生长最好。

5. 绿化应用： 叶形奇特，黄花似锦，典雅美观，枝干酷似南天竹，叶形秀丽，叶色艳美，外观形态雅致。不管是在庭院、园林中作为基础种植，还是作为绿篱或盆栽，都清幽可爱、引人注目。由于其对二氧化硫的抗性较强，也是工矿区的优良美化植物。

十九、银姬小蜡

1. **学名**：*Ligustrum sinense* Lourdes. 'Variegatum'

2. **科属**：木樨科，女贞属

3. **形态特征**：

性状　常绿灌木或小乔木，株高 2 ～ 3 米。

花朵　花小，组成圆锥花序，花冠白色、近漏斗状，芳香；花期 4 ～ 6 月。

果实　椭圆形、近球形，暗绿色、黑色；果实成熟期 9 ～ 10 月。

叶片　叶基宽楔形或圆形，全缘，银绿色，叶缘镶有宽窄不规则的乳白色边环。

株形　整株细密，老枝灰色，直立性强，分枝多，冠形紧凑，小枝密生短柔毛，小枝略带红色，圆且细长。

4. **生长习性**：喜光，稍耐阴，耐寒。耐盐碱土壤，耐瘠薄，对土壤适应性强，在酸性、中性和碱性土壤中均能生长；生长速度较快，也适应黏土、肥土和沙质土。抗污染树种，具有滞尘抗烟的功能，能吸收二氧化硫。

5. **绿化应用**：色彩独特、叶小枝细，常修剪成质感细密的地被色块、绿篱或球形灌丛，与其他红、黄、紫、蓝色叶树种配植可形成强烈的色彩对比，观赏价值高，同时适合盆栽造型。

二十、龟甲冬青

1. 学名： *Ilex crenata* Thunb.

2. 科属： 冬青科，冬青属

3. 形态特征：

性状　常绿小灌木。

花朵　花白色；花期 5 ～ 6 月。

果实　果球形，直径 6 ～ 8 毫米，成熟后黑色；果期 8 ～ 10 月。

叶片　叶互生，叶片椭圆形，革质，有光泽，新叶嫩绿色，老叶墨绿色，叶表面凸起呈龟甲状。

株形　多分枝；树皮灰黑色，幼枝灰色或褐色；较老的枝具半月形隆起叶痕和椭圆形或圆形皮孔；老树枝干苍劲古朴。

4. 生长习性： 喜温暖、湿润、阳光充足的环境；耐寒，耐高温，耐半阴。耐旱性较差，喜肥沃疏松、排水良好的酸性土，忌积水和碱性土壤。

5. 绿化应用： 枝干苍劲古朴，叶子密集浓绿，观赏价值较高，是良好的城市绿化和庭院绿化植物。多成片作地被植物栽植，常用于彩块及彩条的基础植物种植，也可植于花坛、树坛及园路交叉口，修剪成球形或其他几何形状，造型好，观赏效果均佳。

竹类

一、黄秆乌哺鸡竹

1. 学名： *Phyllostachys vivax* McClure f. *aureocaulis* N.X. Ma

2. 科属： 禾本科，刚竹属

3. 形态特征：

性状 乔木或灌木状竹类，秆高 5 ～ 15 米，直径 4 ～ 8 厘米。

笋期 4 月中下旬。

叶片 微下垂，绿色，较大，带状披针形或披针形，长 9 ～ 18 厘米，宽 1.2 ～ 2 厘米。

株形 地下茎为单轴散生；秆梢部下垂，微呈拱形，无毛，秆全部为硫黄色，并在秆的中下部偶有几个节间具一或数条绿色纵条纹。

4. 生长习性： 喜深厚、肥沃、湿润、排水良好的沙质壤土或坡地；适宜的土壤为酸性至中性土，不适于生长在过于黏重、瘠薄的土壤中。

5. 绿化应用： 作为观赏竹的种植应与园林造景相结合，可在亭、台、轩、榭之旁种植修竹数秆，使建筑物掩映于翠竹之中，增添情趣。可在墙边角隅叠石作假山，在旁种以竹子，或以粉墙为背景，种竹数秆于洞门或方框窗之畔，能造成清幽环境；也可在石径两旁种竹数行，造成修竹夹道，使人有曲径通幽之感。若条件许可，这几种方法可同时采用，使之成为最佳最美的景色。

二、金镶玉竹

1. 学名： *Phyllostachys aureosulcata* McClure 'Spectabilis'

2. 科属： 禾本科，刚竹属

3. 形态特征：

性状 散生型中型竹，秆高 4 ～ 10 米。

笋期 4 月中旬至 5 月上旬。

叶片 叶披针形，箨舌宽短，弧形，有波状齿。

株形 秆金黄色，秆环与箨环均微隆起，节下有白粉环，具数条绿色纵条纹。

4. 生长习性： 喜向阳背风环境，宜土层深厚、肥沃、湿润、排水和透气性良好的酸性壤土，pH 值为 4.5 ～ 7 比较适宜。适应性强，能在 -20℃低温环境条件下生长。

5. 绿化应用： 金镶玉竹为中国四大名竹之一，其珍奇处在那嫩黄色的竹秆上，于每节生枝叶处都生出一道碧绿色的浅沟，青翠如玉，位置节节交错，秆色美丽，主要供观赏。一般种植在高档园林区内，用于打造唯美的竹林区，或者是成群栽植一片竹林以提升园林的整体格调，还可以将其围绕建筑物而进行大量栽培，以营造优雅而高贵的气质。

三、孝顺竹

1. **学名**: *Bambusa multiplex* (Lour.) Raeusch. ex Schult.

2. **科属**：禾本科，簕竹属

3. **形态特征**：

性状　常绿丛生竹，秆高 4～7 米，直径 1.5～2.5 厘米。

叶片　箨鞘硬脆，厚纸质，绿色无毛。箨耳极小，箨叶直立。叶薄，披针形，表面深绿色，背面具细毛，长 15 厘米。

株形　秆绿色，下部挺直，尾梢近直或略弯。

4. **生长习性**：喜温暖湿润气候，喜通风良好环境；不耐寒，喜光耐半阴。宜疏松、排水好的肥土。生长快，耐修剪。

5. **绿化应用**：竹秆青绿，叶密集下垂，姿态婆娑秀丽，在中国长江以南多栽培于庭园供观赏，或种植宅旁作绿篱用，也常在湖边、河岸栽植。叶片数目甚多，排成羽毛状，枝顶端弯曲，是观赏竹类，常见于寺庙庭园间。

四、紫竹

1. **学名**：*Phyllostachys nigra* (Lodd. ex Lindl.) Munro

2. **科属**：禾本科，刚竹属

3、**形态特征**：

性状　散生型竹，多年生木质化植物，高 4 ～ 8 米。

笋期　4 月下旬。

叶片　叶片质薄，箨叶小，绿色，有皱折，小枝顶端具 2 ～ 3 枚叶，叶片窄披针形。

株形　幼秆绿色，一年生以后的秆逐渐出现紫斑，最后全部变为紫黑色。

4. **生长习性**：阳性好光，喜凉爽，喜温暖湿润气候，耐寒，耐阴，能耐 -20℃低温，对气候适应性强。忌积水，对土壤的要求不严，以土层深厚、肥沃、湿润而排水良好的酸性土壤最宜。

5. **绿化应用**：竹秆紫黑色，柔和发亮，隐于绿叶之下，甚为绮丽，为传统的、优良的园林观赏秆色竹种。宜种植于庭院山石之间或书斋、厅堂、小径、池水旁，也可栽于盆中，置窗前、几上，别有一番情趣。秆紫黑，叶翠绿，颇具特色，若植于庭院观赏，可与金镶玉竹、斑竹、黄槽竹等秆具色彩的竹种同植于园中，增添色彩变化。

五、菲白竹

1. 学名： *Sasa fortunei* (Van Houtte) Fiori

2. 科属： 禾本科，赤竹属

3. 形态特征：

性状 竹鞭粗 1～2 毫米；秆高 10～30 厘米，高大者在 50～80 厘米。

笋期 4～6 月。

叶片 短小，披针形，长 6～15 厘米，宽 8～14 毫米，先端渐尖，基部宽楔形或近圆形；两面均具白色柔毛，尤以下表面较密，叶面通常有黄色或浅黄色乃至于近于白色的纵条纹。

株形 节间细而短小，圆筒形，直径 1～2 毫米，光滑无毛；秆环较平坦或微有隆起。

4. 生长习性： 喜温暖湿润气候，较耐寒，忌烈日曝晒；具有很强的耐阴性，可以在林下生长。喜肥沃疏松、排水良好的沙质土壤。

5. 绿化应用： 观赏地被竹，矮小丛生，株形优美，叶片绿色间有黄色至淡黄色的纵条纹，可用于地被、小型盆栽，或配置在假山、大型山水盆景间，兼文化、观赏和生态功能于一体，是地被中的优良植物。

跋

自 20 世纪 90 年代以来，整个社会对城市环境的认识有了很大的提高，城市绿化事业发展十分迅速，园林绿化的质量水平提高，人居环境改善，优良树种在城市绿化中的重要性也越来越凸显出来。笔者对杭州市区内不同类型的公园、居住区、城市道路和城市广场等百余处绿地进行详细调查，对各类主要绿地中的园林树种进行统计，全面了解与掌握园林植物的养护基本条件和应用情况等，取得大量的第一手资料，以确保研究的真实性和针对性。在此基础上，通过对杭州市园林植物的生长状况和景观效果进行综合分析，评价、选择出生长状况良好、能够保持和改善生态平衡、满足城市景观建设需求、体现城市历史和文化、反映地方风格及特色的树种，以及在美化和彩化方面有突出效果的树种。为了提升城市绿地系统中园林植物资源的应用效率，给园林景观建设在实用性、美观性、经济性等方面提供新的思路，推选出以优良树种为骨干树种的配置模式，创造彩化和特色鲜明的园林组景方式，以期充分发挥园林植物的造景作用。

本书为了便于读者翻阅，将附录中的城市绿化优良树种植物根据筛选的种类分为庭荫树、主景（孤赏）树、行道树、彩叶树、花灌木、造型类、竹类等，并对它们在形态特征、生长习性、绿化应用等方面做了重点介绍，借助图片达到形象直观的作用，有助于读者增加园林植物的相关知识。

在本书编著过程中，智库源园林有限公司施伟先生、浙江科技大学孟涛副教授、杭州市园林文物局姜丽南高级工程师、杭州市拱墅区市政园林工程有限公司高美娟女士等提供了具有参考价值的杭州绿化风貌资料，浙江科技大学华鸿毅、江一帆、蒋蝉喜、阮佳茜、余虹等人给予编排方面的协助，在此致以诚挚的谢意！

由于掌握信息有限，书中如有不正之处，敬请读者批评指正。